二级注册建造师继续教育教材

# 水利水电工程

二级注册建造师继续教育教材编委会　组织编写

知识产权出版社
全国百佳图书出版单位

内容提要

本书根据《二级注册建造师继续教育大纲（水利水电工程专业）》编写，分为六个部分：水利水电工程项目管理前沿理论与实践探索，水利水电工程最新法律、法规和标准、规范，水利水电专业典型工程介绍，水利水电工程质量与安全事故剖析，工程设计和建设监理，以及注册建造师相关制度介绍，突出了水利水电工程建设与施工管理的专业特点。

本书为二级建造师水利水电工程专业的继续教育教材，也可作为高等学校工科专业的教学参考用书和从事水利水电工程建设管理、勘测设计、施工、监理、咨询、质量监督、安全监督、行政监督等工作人员的参考用书。

责任编辑：陆彩云　张　冰
封面设计：智兴设计室　　　　责任出版：卢运霞

图书在版编目（CIP）数据

水利水电工程/二级注册建造师继续教育教材编委会编．—北京：知识产权出版社，2010.12
二级注册建造师继续教育教材
ISBN 978-7-5130-0321-6

Ⅰ.①水… Ⅱ.①二… Ⅲ.①水利工程—技术培训—教材②水力发电工程—技术培训—教材 Ⅳ.①TV

中国版本图书馆 CIP 数据核字（2010）第 250514 号

二级注册建造师继续教育教材
水利水电工程
二级注册建造师继续教育教材编委会　组织编写

出版发行：知识产权出版社

| | |
|---|---|
| 社　　址：北京市海淀区马甸南村 1 号 | 邮　　编：100088 |
| 网　　址：http://www.ipph.cn | 邮　　箱：bjb@cnipr.com |
| 发行电话：010-82000860 转 8101/8102 | 传　　真：010-82005070/82000893 |
| 责编电话：010-82000860 转 8110 | 责编邮箱：lcy@cnipr.com |
| 印　　刷：河北省零五印刷厂 | 经　　销：新华书店及相关销售网点 |
| 开　　本：787mm × 1092mm　1/16 | 印　　张：9.5 |
| 版　　次：2011 年 7 月第 1 版 | 印　　次：2013 年 1 月第 2 次印刷 |
| 字　　数：232 千字 | 定　　价：26.00 |

ISBN 978-7-5130-0321-6/TV · 001（3259）

# 审定委员会



# 编写委员会

# 序

2002年12月5日，人事部、建设部联合印发了《建造师执业资格制度暂行规定》（人发［2002］111号），标志着我国建造师执业资格制度的创立。

注册建造师作为从事建设工程项目总承包和施工管理关键岗位的专业技术人员，需要懂管理、懂技术、懂经济、懂法规，既要有理论水平，还要有丰富的实践经验和较强的组织能力。为开阔注册建造师的视野，拓展注册建造师的知识面，进一步提升注册建造师的执业能力，进而提高建设工程项目的管理水平，根据《注册建造师管理规定》（建设部第153号令）及有关专业技术人员继续教育政策的规定，注册建造师需要接受继续教育。通过继续教育，使注册建造师及时掌握与工程建设有关的法律法规、标准规范和政策，熟悉工程建设的新技术、新材料、新设备、新工艺以及建设工程项目管理新理论、新方法，以适应建设工程项目管理发展的需要。

为此，我们组织有关单位及行业专家，编写了二级注册建造师继续教育教材，包括：《二级注册建造师继续教育教材（管理综合）》《二级注册建造师继续教育教材（建筑工程）》《二级注册建造师继续教育教材（公路工程）》《二级注册建造师继续教育教材（机电工程）》《二级注册建造师继续教育教材（市政公用工程）》《二级注册建造师继续教育教材（水利水电工程）》《二级注册建造师继续教育教材（矿业工程）》和《注册建造师执业指南》《注册建造师施工成本管理案例解析》《注册建造师执业法律案例解析》《注册建造师法律法规及政策选编》等。

本系列教材既是二级注册建造师继续教育教材，也可作为工程建设领域项目管理及工程技术人员的参考用书。

**二级注册建造师继续教育教材编委会**

**2011年6月**

# 编写说明

本书根据《二级注册建造师继续教育大纲（水利水电工程专业）》编写，包括水利水电工程项目管理前沿理论与实践探索，水利水电工程最新法律、法规和标准、规范，水利水电专业典型工程介绍，水利水电工程质量与安全事故剖析，工程设计和建设监理，以及注册建造师相关制度介绍，突出了水利水电工程建设与施工管理的专业特点。

本书为二级注册建造师水利水电工程专业的继续教育教材，也可作为高等学校工科专业的教学参考用书和从事水利水电工程建设管理、勘测设计、施工、监理、咨询、质量监督、安全监督、行政监督等工作人员的参考用书。

本书由唐涛、成银主编，其中编写说明由成银编写；第1章由陈送财、胡慨编写；第2章的2.1～2.7节由徐飚编写，2.8、2.9节由江瑞勇编写；第3章由容蓉、郭唐义、杨中、张少华、陈送财、方敏编写；第4章由王韶华、赵东晓、骆涛、韩新、李富根、管宪伟编写；第5章由赵永刚、赵殿信编写；第6章的6.1、6.2节由成银编写，6.3节由伍宛生编写。全书由成银统稿，唐涛审稿，孙继昌、孙献忠、钱敏审定。

在本书的编写过程中，得到了水利部建设与管理司、水利部淮河水利委员会、中水淮河规划设计研究有限公司、安徽省水利水电职业技术学院、长江水利委员会人才资源开发中心、中水淮河安徽恒信工程咨询有限公司等单位给予的大力支持和帮助，在此一并致以衷心的感谢。

本书编写过程中参考了许多文献资料和一些企业的施工项目管理经验，在此对文献资料的作者和经验的创造者表示诚挚的感谢。由于水平有限，书中难免有不妥之处，恳请读者批评指正，以便再版时修改完善。

**本书编写组**

**2011年6月**

# 目　录

# 1　水利水电工程项目管理前沿理论与实践探索

## 1.1　水利水电工程项目管理前沿理论

### 1.1.1　水利水电工程项目管理模式简介

目前，我国水利水电建设项目按投资来源的不同有三种供给类型：一是完全由政府投资的水利水电建设项目；二是由项目法人投资，同时政府给予补贴的水利水电建设项目；三是完全由项目法人投资的水利水电建设项目。

在水利水电建设项目管理过程中，采取的项目管理模式不同，政府、项目法人、中介机构等在项目管理中的地位和作用也不同。我国改革开放以来所推行的建设项目法人制度、招标投标制度、工程监理制度、承包合同制度以及近年提出的项目代建制度，实际上都是围绕建设项目管理模式问题而展开，至今仍在实践中探索。

在工程项目管理领域，常见的、传统的工程项目管理模式有设计-招标-建造模式（Design-Bid-Build，DBB）、设计-建造模式（Design-Build，DB）、CM 模式（Construction Method，CM）等。除了以上传统的工程项目管理模式外，工程项目管理中涌现出了一些新模式。

### 1.1.2　项目代建制

《中共中央国务院关于加快水利改革发展的决定》（中央 1 号文件）提出："对非经营性政府投资项目，加快推进代建制。充分发挥市场机制在水利工程建设和运行中的作用，引导经营性水利工程积极走向市场，完善法人治理结构，实现自主经营、自负盈亏。"该决定对水利工程建设和管理体制改革提出了具体要求，特别是代建制。

#### 1.1.2.1　代建制的概念

代建制最早起源于美国的建设经理制。建设经理制是指业主委托一个称为建设经理的人来负责整个工程项目的管理，包括可行性研究、设计、采购、施工、竣工试运行等工作，但不承包工程费用。建设经理作为业主的代理人，在业主委托的业务范围内以业主名义开展工作（例如有权自主选择设计师和承包商），业主则对建设经理的一切行为负责。所谓代建制则是指项目业主通过招标的方式，选择社会专业化的项目管理单位（代建单位），负责项目的投资管理和建设组织实施工作，项目建成后交付使用单位的制度。与建设经理制相比，无论是在代理人的定义上还是在选择程序上，代建制都更符合中国国情。代建单位具有项目建设阶段的法人地位，拥有法人权利（包括在业主监督下对建设资金的支配权），同时承担相应的责任（包括投资保值责任）。

#### 1.1.2.2 代建制的应用范围

在我国，代建制的应用范围主要局限于政府投资的非经营性项目，主要是指政府财政性建设资金以及政府融资性建设资金安排投资的非经营性的公益性建设项目和基础性建设项目。而对于代建单位，要求为具有相应的设计、监理或咨询等资质并经政府投资或建设主管部门认定取得代建许可的独立事业或企业法人。

2004 年 7 月 16 日，国务院出台了《关于投资体制改革的决定》，该决定指出："加强政府投资项目管理，改进建设实施方式。"对非经营性政府投资项目加快推行"代建制"，即通过招标等方式，选择专业化的项目管理单位负责建设实施，严格控制项目投资、质量和工期，竣工验收后移交给使用单位。

#### 1.1.2.3 代建制的特点

代建制突破政府工程原有的管理方式，代建制的实行将使现行的政府投资体制中"投资、建设、管理、使用"四位一体的管理模式各环节彼此分离，互相制约。政府选择具有相应资质的项目管理公司，作为项目建设期的法人，负责项目建设的全程组织和管理。政府通过合同来约束代建制单位，而非行政权力，这便意味着权力从该环节的退出。

代建制具有以下特点：

（1）利益相关主体分开。代建制模式将项目投资人、代建人和使用人三方分开，从而提高管理效率。

（2）代建人产生于招标制。政府投资代建项目的代建人应通过招标确定，而不能指定。

（3）代建人收益来自代建管理费和项目投资节余奖励。代建制采取经济合同监督制，代建人的收益体现在两方面：一是在招投标中确定代建单位管理费；二是项目建成竣工验收并经竣工财务决算审核批准后，如决算投资比合同约定投资有节余，建设实施代建单位可参与分成。

（4）具有严谨的风险控制模式。这主要体现在对代建人责任赔偿的规定和履约保函的要求。代建制管理要求代建人提供项目投资额 10%～50%的履约保函，并对责任赔偿进行约定。

### 1.1.3 信息技术在水利水电工程管理中的应用

#### 1.1.3.1 我国建筑工程管理中信息技术应用的现状

在我国，建设领域信息化是从推广应用计算机技术开始的。1996 年，在建设部颁布的《1996—2010 年建筑技术政策纲要》中，有一项就是"大力推广应用计算机技术"，但还没有明确提出建设领域信息化的概念。2001 年 2 月，建设部在颁布的《建设领域信息化工作基本要点》中，第一次明确提出了建设领域信息化这一概念。目前，建筑行业大多数企业都拥有自己的计算机系统及软件，勘察设计用的管理信息系统可以对设计单位的人员、设计项目、设计过程信息和设计审核等进行系统化的管理；在施工管理中目前大部分企业采用的还是传统的信息管理方法，即信息从它的产生、整理、加工传递到检索和利用都是利用纸介质进行的，只有少数企业应用如 P3、PROJECT 等软件进行现场管理，在整个过程中，信息以一种较为缓慢的速度流动。因此，总的来说我国建筑工程管理信息化还处于初级阶段，只是部分企业不同程度地、孤立地使用信息技术的某一部分，没有实现信息的共享、交流与互动。

### 1.1.3.2 现代信息技术在水利信息化中的应用

《中共中央国务院关于加快水利改革发展的决定》（中央 1 号文件）提出："推进水利信息化建设，全面实施金水工程，加快建设国家防汛抗旱指挥系统和水资源管理信息系统，提高水资源调控、水利管理和工程运行的信息化水平，以水利信息化带动水利现代化。"

现代信息技术在水利信息化中的应用集中体现在水利信息化综合体系中。水利信息化综合体系（见图 1-1）是《全国水利信息化规划》（即"金水工程"规划）提出的水利信息化的基本框架，由水利信息基础设施、水利业务应用和水利信息化保障环境构成。涉及的主要技术包括 3S（GIS、RS、GPS）、信息自动采集、通信与网络、信息存储与管理、软件工程、系统集成、决策支持和办公自动化等，这些信息技术分别应用于水利信息化综合体系的某个层次或贯穿了多个层次，这些技术的广泛和深入应用在水利工作中发挥了重要作用。

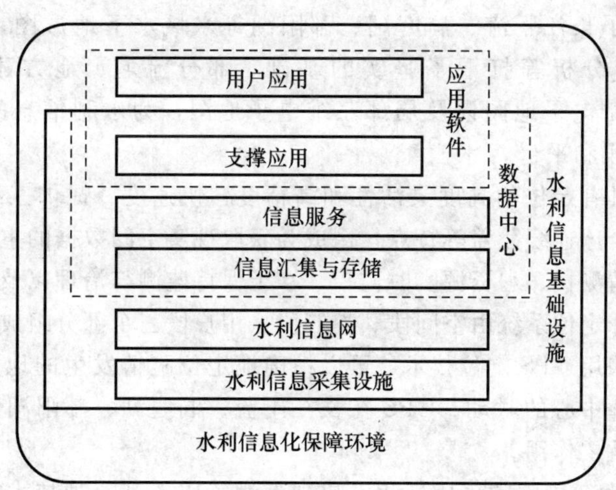


图 1-1 水利信息化综合体系结构

1. 3S 技术

具体到水利信息化，3S 技术既包括属于信息采集层次的遥感技术（RS），也包括属于信息服务的地理信息系统（GIS），以及属于用户应用的全球定位系统（GPS）。

遥感技术如同传说中的"千里眼"，是通过收集物体表面的电磁波（辐射、反射、散射）信号，获得目标固有特征及状态信息的技术。遥感系统由空间信息采集、地面接收和预处理、地面实况调查、信息分析应用等子系统组成。遥感作为一种高效获取信息的手段，其具有蕴涵的信息量丰富、全天候、信息获取周期短和多光谱特性，在水旱灾害损失评估、大面积水体水质监测、水土流失监测等方面得到广泛应用。防汛抗旱方面，遥感能在降水遥感监测、洪水灾情监测与评估、紧急救灾和灾后重建以及区域旱情监测与评估等业务中发挥突出作用，卫星提供的灾情信息比其他常规手段更加快速、客观和全面。目前，水利部每天接收NOAA、风云卫星、MODIS等的遥感数据，接收的NOAA、风云卫星数据已成为日常防汛抗旱水情气象会商的重要数据源。水利信息中心组织开发的MODIS水利应用与发布平台每天接受MODIS数据。卫星遥感、航空遥感在汶川地震特别是在堰塞湖的监测、处置中发挥了重要作用。水土流失监测评价方面，遥感以其宏观、快速、动态和经济的特点，成为土壤侵蚀调查的首要信息源。到目前为止，我国进行了两次全国范围的遥感水土流失调查，为我国水土保持规划和治理工作奠定了基础；同时，根据不同时期或年代土壤侵蚀强度分级分析对比，评价水土保持工程治理效果，指导今后水土保持规划和设计工作。

地理信息系统是以地理空间数据库为基础，采用地理模型分析方法，适时提供多尺度、空间的和动态的地理信息，具有区域空间分析、多要素综合分析和动态预测能力，是信息管理和分析的强有力工具。地理信息系统包括空间数据输入、空间数据存储与管理、数据处理与分析、输出等子系统。地理信息系统在水利信息资源管理、防汛抗旱、水资源管理、水力工程建设管理等方面作用突出，效果显著。水利部建成了全国1：250000水利基础电子地图，并向流域机构、水利部门以及部分直属单位分发，为水资源综合规划、流域综合规划等重大项目提供数据共享，避免了低水平重复生产数据，并为基于空间的信息共享打下了基础。目前，水利部正在建设全国1：50000水利基础电子地图，已建成了长江干流、洞庭湖、鄱阳湖等水域水下地形图，为水文预报、河道河床和湖泊演变分析等打下了坚实的基础。部分流域、地方建成了1：50000、1：10000的水利基础电子地图以及局部三维电子地图，为水利信息的管理、应用、表达提供了全新的手段和平台。

全球定位系统具有定位的高度灵活性和高精度、快速度、提供三维坐标、全天候作业、操作简便以及全球连续覆盖等特点，已成为获取现实空间数据的重要手段，也广泛应用于防汛减灾、水情测报、水资源实时监控、水土保持监测与治理以及水利工程建设与安全监测等方面。全球定位系统由空间段、控制段、用户段三个部分组成，比其他无线电导航系统精度更高。采用GPS定位技术，可以精确地定位险情发生的地点，辅助通信技术后能实现现场和指挥中心的联动。GPS在长江干流、洞庭湖、鄱阳湖等重要水域水下地形测量中也发挥了重要作用。

3S技术在水利业务中常常集成应用，单独运用其中的某一种技术往往不能满足实际需要。实际上，以上介绍的防汛减灾、水土流失监测、水下地形测量等应用都不同程度综合应用到了3S技术。

2. 信息自动采集技术

信息自动采集技术指能有效扩展人类感觉器官的感知域、灵敏度、分辨率和作用范围的技术，包括传感、测量、识别和遥感遥测技术等。

目前，全国省级以上水利部门已建成各类信息采集点约 2.7 万个，采集要素覆盖雨情、水情、工情、旱情、灾情、水质、水土保持、地下水、供水、排水等，对生态、海潮、风情等要素的监测也取得很大进展。体现信息化水平的非接触式采集设备大量使用，无人值守站点逐步推广，监测方式不断创新，信息采集的精确性、时效性和工程监控的自动化水平显著提高。据统计，83.4%的雨量站实现了固态存储或自动测报，56.1%的水文站实现了固态存储或自动测报。

同时，视频监控技术也得到广泛应用，据不完全统计，到 2007 年底，全国省级以上水利部门建成的各类水利工程监控系统的监控点达到 6430 个，远程视频控制比例达到 47%。在信息采集方式方面，水利部利用新一代天气雷达监测网，能快速获得降雨预报信息。长江水利委员会长江河道采砂管理远程可视化实时监控系统利用现代传感技术，对省际边界重点河段实现远程、实时、可视化监控，并通过远程监控与日常巡逻有机结合，提高监管和执法的准确性和有效性。广东省采用具有国际先进水平的测量系统测量重点水体水下地形，该系统集成了现代空间测控技术、声呐技术、信息处理技术，具有高效率、高精度和高分辨率的水下地形测量能力。另外，3S 技术在信息自动采集中也发挥了越来越重要的作用。

3. 通信与网络技术

水利信息网络是水利系统的信息高速公路，为水利信息的高效可靠传输提供了有力保障，把地理分散、种类繁多、信息量大的水利信息连接起来，保证语音、数据和图像信息能够高效安全地传输和交换。

水利通信系统的建设起源于“75.8”大洪水（即 1975 年 8 月发生在河南驻马店的大洪水），由于当时通信和网络的局限，水情、工情信息及指挥调度决策无法及时传递，酿成洪水泛滥、人身伤亡、财产损失的严重后果。随后，水利部决定加强通信网络建设。之后，随着通信技术的发展，水利通信网络先后采用了短波、超短波、模拟微波、数字微波、集群通信、卫星通信等技术。目前，全国已建成重点防洪地区微波通信电路 15 条，在公众电信网覆盖不足的地区配备了大量的短波、超短波电台，在重点防洪地区和大中型水库建立了 200 多个库区自动测报系统。全国初步建成了一个由水利部卫星通信主站、网络管理中心（北京）和 600 多个卫星通信小站组成的结构较完整、功能较齐全的防汛通信卫星网。值得注意的是，以卫星通信、微波通信及计算机网络通信于一体的防汛移动通信车在防汛指挥中作用显著，它能实现视频直播、视频会商、移动网上办公、广播扩音和照明等功能。同时，防汛通信网能在山洪、泥石流的减灾中发挥不可替代的作用。

水利信息网是水利行业各单位计算机与网络设备互连形成的网络系统，按业务范围和安全保密要求分为政务外网和政务内网。水利信息网按网络层次分为广域网、园区网、部门网和接入网 4 个层次，其中广域网又分为骨干网、流域省区网和地区网。2003 年以来，随着水利信息化的发展特别是国家防汛抗旱指挥系统的实施，水利部组织建设了水利信息网骨干网。目前，水利信息网覆盖了所有省级以上水利部门，与地市水利部门联通率也达到了 63.1%，北京、上海、江苏、浙江、广东等省市实现了区县级水利部门的全覆盖。同时，依托水利电子政务项目，建设了连接水利部、7 个流域机构的水利电子政务外网。

视频会议系统作为依托于水利通信与网络的特殊的信息可视化应用基础设施，由于其在节约会议的经费和时间、提高开会效率、适应某些特殊情况等方面的巨大优势，逐步成为异地会议的首选方案，显示了重要作用和显著效益。水利部与7个流域机构、31省（区、市）、4个重点工程局之间以及23个省（区、市）与地市水利部门建立了实现区域覆盖的视频会议系统，部分省市已实现联通到了区县甚至乡镇水利部门。

4. 信息存储与管理技术

经过新中国成立60多年来的工作，各级水利部门积淀并形成了海量的水利信息资源，这些数据是国家空间基础设施的重要组成部分，是开展各项水利业务的重要支撑。为了充分发挥海量数据在水利工作中的基础作用，实现信息共享，各级水利部门积极利用先进的信息存储与管理技术，包括海量存储设备、服务器、数据库管理系统。

目前，交互式虚拟超大容量网络存储（SAN）技术正在逐步取代老式的磁盘阵列存储（DAS）技术、网络存储（NAS）技术，它具备了DAS、NAS没有的性能和特点，具有明显的技术优势。近年来，SAN技术已逐渐成为结构化数据存储的首选方案。截至2007年年底，各级水利部门配备的各类存储设备形成了约133TB的存储能力。水利部正在实施的数据存储与备份系统将配置容量为30TB的在线存储、50TB的近线存储、100TB的离线备份以及30TB的异地数据备份存储，将为水利部各业务应用提供集成高效的数据存储、备份和恢复服务。

服务器指的是在网络环境中为客户机（Client）提供各种服务的、特殊的专用计算机。服务器不仅仅是网络设备的中枢，还承担着数据的接收、处理、转发、发布等关键处理任务。按服务器的机箱结构来划分的话，可以把服务器划分为“塔式服务器”、“机架式服务器”和“机柜式服务器”3种。由于服务器非常重要，对服务器提出了可扩展性、可用性、可管理性和可利用性等方面的高要求。目前，服务器集群、热备、负载均衡等技术在水利行业都有广泛的应用。据不完全统计，到2007年底，省级以上水利部门配置了2600多台网络服务器。

数据库管理系统是一种操纵和管理数据库的大型软件，用于建立、使用和维护数据库，它对数据库进行统一的管理和控制，以保证数据库的安全性和完整性。数据库管理系统提供多种功能，可使多个应用程序和用户用不同的方法在同时或不同时刻去建立、修改和询问数据库，使用户能方便地定义和操纵数据，维护数据的安全性和完整性，以及进行多用户下的并发控制和恢复数据库。数据库管理系统在水利信息化中得到广泛应用，目前已成为水利信息管理的主要工具，管理的数据类型包括文本、数值、地理空间、多媒体等。据不完全统计，到2007年底，省级以上水利部门正常提供信息服务的数据库达到469个，数据库内容覆盖了水利业务的方方面面。

5. 软件工程技术

软件工程（Software Engineering，SE）是一门研究用工程化方法构建和维护有效的、实用的和高质量的软件学科。它涉及程序设计语言、数据库、软件开发工具、系统平台、标准、设计模式等方面。软件已经渗透到我们日常工作、学习、生活的方方面面，但是，由于缺乏快速开发各种满足质量要求、安全、可靠的软件的合用技术，软件的生产能力远远满足不了飞速发展的实际需求。软件工程就是将系统化的、严格约束的、可量化的方法应用于软件的开发、运行和维护，即将工程化应用于软件。

软件工程过程主要包括开发过程、运作过程、维护过程。它们覆盖了需求、设计、实现、确认以及维护等活动。需求活动包括问题分析和需求分析。问题分析获取需求定义，又称软件需求规约。需求分析生成功能规约。设计活动一般包括概要设计和详细设计。概要设计建立整个软件系统结构，包括子系统、模块以及相关层次的说明、每一模块的接口定义。详细设计产生程序员可用的模块说明，包括每一模块中数据结构说明及加工描述。实现活动把设计结果转换为可执行的程序代码。确认活动贯穿于整个开发过程，实现完成后的确认，保证最终产品满足用户的要求。维护活动包括使用过程中的扩充、修改与完善。伴随以上过程，还有管理过程、支持过程、培训过程等。

6. 信息系统集成技术

根据诺兰模型，信息化的阶段可被划分为初始阶段、普及阶段、发展阶段、系统内集成阶段、跨部门集成阶段、成熟阶段等多个阶段。目前，我国水利信息化总体上处于发展阶段，同时，具有从发展阶段到集成阶段的过渡的需求。随着水利信息化的不断发展，各水利部门都根据自身的需要，建立了许多应用系统，这些系统的应用对减少工作人员的工作量、提高工作效率起到了积极的作用。但总体来看，现有系统中，信息的有效利用率不高，部门内部以及部门之间信息与业务流程衔接还不紧密，各类信息系统相对独立，信息系统建设水平较低，"信息孤岛"问题还比较突出。

信息系统集成主要包括三个层次，即数据集成、应用集成、门户集成。

数据集成解决数据的共享问题，使数据得到更广泛的应用，尤其是数据的综合应用。在此基础上，随着应用的深入发展，还可以建立面向主题的数据仓库应用等。数据的规范化和标准化是数据集成的基础，XML 已逐步成为数据集成的标准。

应用集成是基于业务流程的集成，它可以集成各种应用系统，除了解决各应用系统间的信息共享的问题，还关注各应用系统间的业务协同。应用集成主要包括 Web Services、J2EE 适配器体系结构、Java 消息服务等标准，中间件服务器、消息服务器、业务流程管理等技术成为应用集成的重要技术和工具。水利部建设中的电子政务系统将初步实现综合办公、规划计划、国际合作与科技、人事劳动教育、网上监察等业务的协同。

门户集成是 IT 领域的新技术。门户集成技术的应用可以方便不同用户根据业务需求，利用应用集成平台生成的各种资源定制不同的应用。门户集成为用户访问不同来源的信息和应用程序提供入口。通常门户从本地或远程数据源（如数据库、业务系统、内容提供者或远程 Web 站点）获取信息。它们加工此信息并将其聚集到复合页中，用一种简洁、方便的使用形式为用户提供信息。几乎目前所有的门户实现都提供一种组件模型，它允许将称为 Portlet 的组件插入到门户基础结构中。

7. 决策支持技术

决策支持系统（OSS）是以管理科学、运筹学、控制论和行为科学为基础，以计算机技术、仿真技术和信息技术为手段，针对半结构化的决策问题，支持决策活动的具有智能作用的人机系统。它能够为决策者提供决策所需的数据、信息和背景材料，帮助明确决策目标，进行问题的识别，建立或修改决策模型，提供各种备选方案，并且对各种方案进行评价和优选，通过人机交互功能进行分析、比较和判断，为正确决策提供必要的支持。

## 1.2 水利水电工程实践探索

21 世纪以来，我国建筑行业取得了飞速发展，新材料、新设备、新工艺的发展和应用对水利水电工程技术带来了深刻的影响。新材料的应用提高了建筑结构的性能，节约了资源，降低了能耗，增强了建筑的安全性和耐久性；新设备的应用提高了工作的效率，改变了施工的条件；新工艺的应用为工程建设提供了新的途径和选择。

## 1.2.1　水利水电工程新材料

### 1.2.1.1　预应力锚索施工新材料

目前，在国内施工中，预应力锚索内锚固段都是以水泥为基本黏结材料。由于水泥水化凝结时间长，早期强度增长慢，在短时间内无法对岩体施加预应力，在施工中，一般需在灌浆后20～28天才能施加预应力。在施加预应力之前，如果遇到岩体卸荷松弛，或者受爆破震动、地下水侵蚀等外界不利因素的影响，可能导致围岩或边坡失稳。因此，常规锚固工艺使预应力锚固的优越性受到很大限制。

近年来，国内外一些同行对快速锚固技术进行了深入的研究，取得了较好的效果。采用有机化学材料作黏结材料，可在1天内施加预应力。采用掺入早强剂的水泥锚固材料，可在6～7天施加预应力。水利水电工程一般锚固面积大，材料消耗多，若选用有机化学材料，其毒性大，污染环境，对施工人员健康不利；选用早强锚固材料，虽然造价偏高，但能够进行快速锚固，保证危岩体的安全，加快施工进度，综合效益明显。

### 1.2.1.2　喷射混凝土施工材料

在水利水电工程中，喷混凝土主要应用于地下工程支护和边坡支护。面板堆石坝垫层料坡面防护、混凝土结构修复有时也采用喷混凝土。喷混凝土还应用于海港工程，矿山巷道工程，地下仓储中的基坑支护，渠道衬砌、改建和维修，海堤工程，防火和防腐蚀部位。

只要喷混凝土设备能够进入到需要修补的表面，喷混凝土可以对混凝土、材料或钢结构物被损坏的表面进行修补。例如，溢洪道表面，受高速水流冲刷的溢洪道表面可能遭到空化气蚀或磨损侵蚀的破坏，由于必须在比较短暂的溢洪道停用时间完成表面修补工作，采用喷射混凝土修补具有很大优越性；对于大多数海洋建筑物，如桥梁面板、桩、桩帽、梁、墩、船闸、导流墙、水坝、发电厂房和泄水隧洞也可能出现这些问题，在许多情况下，可以使用喷混凝土修补这些建筑物损坏的表面。

喷混凝土所用的材料、配比及性能在许多方面都是与常规混凝土相类似的，所以《水工混凝土施工规范》DL/T 5144—2001和《混凝土质量控制标准》GB 50164中常规混凝土的许多规定也适用于喷混凝土。

1. 硅粉

硅粉是在埋弧式电炉中生产硅、硅铁和其他硅合金时的副产品，是由排出的烟气凝结而成的极细小的球形颗粒，是一种极细的非结晶的凝硬性材料。硅粉中二氧化硅的成分占85%以上，比硅酸盐水泥的颗粒细100倍，密度为2.1～2.6g/cm$^3$。

硅粉可使喷混凝土具有一些更优良的性能。由于硅粉非常细，其颗粒可充填水泥颗粒之间更微小的间隙，进一步减小了渗透性和增加了喷混凝土的密实度。掺有硅粉的喷混凝土拌和物将明显地增加黏性和黏结力，降低回弹率。

2. 纤维

在喷混凝土中掺入少量的纤维，不仅可在一定程度上提高喷混凝土的抗压强度，而且可明显提高抗拉强度。提高抗裂防渗性能。纤维能改善高强混凝土的韧性，高弹性模量的纤维的增强、增韧作用高于低弹性模量的纤维。低弹性模量的纤维加入高强混凝土后，混凝土的强度有所降低，但低弹性模量的纤维能改善高强混凝土的韧性。纤维具有抑制裂缝扩张的作用，纤维混凝土的抗裂性能显著高于普通混凝土。高弹性模量的钢纤维对裂缝的抑制作用优于低弹性模量的维纶和聚丙烯纤维。随着掺入纤维的弹性模量的增加，高强混凝土的抗裂性能和断裂韧性也相应增加。

(1) 钢纤维。在喷混凝土中采用钢纤维，可增强它的延性、韧性、抗冲击性，并能减小裂缝的扩展。一般用于喷混凝土的钢纤维的长度范围为20～40mm，用量为喷混凝土总体积的1%～2%。掺入钢纤维对喷混凝土抗压强度影响不大，但却能适当地增加抗弯强度。在混凝土出现裂缝后，由于掺了钢纤维后混凝土的连续性变好，可以提高其承载能力。

(2) 聚丙烯纤维。聚丙烯纤维用于湿喷混凝土施工。这种纤维用得最多的长度范围在12～64mm。喷混凝土中掺聚丙烯纤维的一般用量为0.5～1.0kg/$m^3$。使用它的主要好处是可防止喷混凝土出现温度裂缝和干缩裂缝。掺聚丙烯纤维后，混凝土喷射时的回弹现象大为减少。

(3) 玻璃纤维。玻璃纤维直径只有$5.08\times10^{-3}$mm，长度一般为25～50mm。玻璃纤维一般用在湿喷混凝土中，但也可以用在干喷混凝土中。其主要用途是用来进行混凝土结构的维修。

#### 1.2.1.3 防水工程新材料

1. 改性沥青防水卷材

高分子聚合物改性石油沥青防水卷材是我国新型防水材料中增长最快、居主导地位的产品品种，包括SBS改性沥青防水卷材和APP改性沥青防水卷材。

2. 高分子防水卷材

以合成橡胶或合成树脂、也有将两者共混为基材，加入适量的化学助剂和填充料等，经过橡胶或塑料加工工艺，制成的高分子聚合物基防水卷材，被通称为高分子防水卷材。在新型防水材料中，高分子防水卷材与改性沥青防水卷材并驾齐驱，也是居主导地位的产品。高分子防水卷材包括三元乙丙防水卷材和聚氯乙烯防水卷材。

3. 建筑密封材料

建筑密封材料包括建筑密封膏、密封带、遇水膨胀止水带等，用于建筑物各种缝隙的密封处理，并依靠建筑密封材料具有的变形能力，保持缝隙在反复受力条件下的密封性。建筑密封材料主要有以下几个品种：

(1) 硅酮密封膏。硅酮密封膏的耐候性好、黏结性好，包括高、中、低拉伸模量系列产品，分别适用于建筑工程不同部位的密封，是建筑工程中应用最广泛的一类密封膏。常用的玻璃胶就是一种单组分、室温固化、高模量的硅酮密封膏，多用于门窗等部位与玻璃的黏结、密封。

(2) 聚氨酯密封膏。聚氨酯密封膏包括单组分聚氨酯密封膏和双组分聚氨酯密封膏。

聚氨酯密封膏的强度高、延伸率好，因其具有弹性及适应变形能力强等优秀的密封性能而适用于非外露部位。

(3) 丙烯酸酯密封膏。丙烯酸酯密封膏是一种单组分型室温固化密封材料，可在潮湿基面施工，5℃以上可施工。丙烯酸酯密封膏的黏结、密封效果好，耐候性好，价格便宜，多用于外墙板缝等部位的密封。应用于长期泡水部位的丙烯酸酯密封膏的耐水性不得低于80%。

(4) 聚硫密封膏。聚硫密封膏的黏结性能可靠，耐油性、耐老化性、气密性、水密性也都很强，但价格偏高。建筑工程可根据密封部位的特点及要求选用合适的品种。

除了以上四种密封膏之外，还有无溶剂型丁基橡胶密封带和缓膨型遇水膨胀止水带等。

### 1.2.2 水利水电工程新设备

随着水利水电建设事业的飞速发展，对施工设备的机械化程度要求越来越高。施工设备技术水平的提高，大大加快了施工的进度，改善了施工的条件，提高了工作效率，实现了机械化施工。

#### 1.2.2.1 三臂全液压火箭式凿岩台车

三臂全液压火箭式凿岩台车，主要由底盘、凿岩机、给进器、钻臂、工作平台臂、控制及动力装置、自动电缆卷盘及水管卷盘、安全顶盖、照明系统和自动防卡钻装置等构成。其装置主要特点如下：

(1) 作业点的高度可达海拔3000m以上，工作环境温度在－20～50℃，适应于相对湿度小于100%的工作环境，整机工作尺寸为14.9m×2.5m×3.3m（长×宽×高），质量为39t。

(2) 底盘为DC141重型固定式橡胶轮式底盘，四轮驱动，前后三挡可调，动力传递及行走性能好。该底盘配备2个可展开式液压前支撑、2个液压后支撑，工作稳定性好，最大行驶速度达18km/h，最大爬坡能力为25%，最小转弯半径内侧为5.65m，外侧为10.4m。

(3) 可伸缩式BUT35全液压钻臂的移动采用单手柄控制，采用三角支撑和极坐标直接定位方式，支撑平稳，定位快速、准确，X形油缸布置，可确保全方位自动平行钻孔，独特的膨胀轴设计确保钻孔精度。搭配HL230全液压工作平台，在平台上或操作室均能控制安装平台的动作，自动保持平衡，并备安全防护装置。钻孔最大高度可达10.4m，单杆钻孔深度不小于4.6m，钻孔范围满足38～102mm孔径要求，纯钻孔速度不低于1.6m/min，最大可达3m/min，适应隧洞工作断面范围为25～120m$^2$。

(4) 给进器采用Atlas Copco冷拔成型双底结构铝合金推进梁，强度高，抗弯、抗扭性能好，表面覆盖有不锈钢皮，耐磨性能好，采用油缸-钢丝绳推进方式，相对运动部件间有聚四氟乙烯衬板，采用无油润滑，运行平稳，使用寿命长，零件消耗低。该给进器具有自动钻孔功能，当钻孔结束后，凿岩机会自动返回。

(5) 凿岩机采用COP1838ME液压凿岩机，Atlas Copco采用独特的细长活塞设计，内置双减振装置和缓冲系统。先进的润滑系统设计，使其维护简单，大修间隔长，钻孔效率高，钎具消耗低。冲击功率为20kW，冲击频率为3600次/min，最大旋转扭矩为540N·m，最大旋转速度为300r/min，最大压力为23MPa。

（6）钻进控制系统采用DCS18－3－55直接控制系统，操作简单，维护方便，具有自动开孔、RPCF回转压力控制推进、FPCI推进压力控制冲击和DPCI缓冲压力控制冲击等各项自动保护功能。RPCF回转压力控制推进是根据回转压力变化，持续控制和调整推进压力，当回转压力持续上升，超过预先设置的上限时，凿岩机会自动返回，然后重新开始在孔中进行开孔，钻孔循环，以防止卡钎，保护钻具。FPCI推进压力控制冲击及DPCI缓冲压力控制冲击均表现为只有当推进压力（或缓冲压力）在适当的“接触”水平之上，即钻头抵在岩石上正合适时，才允许上升至全冲击压力；当推进压力（或缓冲压力）达不到适当的“接触”水平时，冲击压力就会减小，以防止打空锤，保护钎具和凿岩机。

（7）三臂全液压火箭式凿岩台车与传统手持式风动凿岩机相比，在大断面、长隧道、围岩地质条件好的情况下具有以下优点：

1）动力消耗较少，能量利用率高。三臂凿岩台车配备的液压凿岩机动力消耗仅为一般风动凿岩机的1/3～1/2，能量利用率则可达30%～40%，风动凿岩机仅为15%～20%。

2）凿岩速度较快，工作效率高。液压凿岩机比风动凿岩机的凿岩速度快50%～150%，在花岗岩中纯钻进速度可达到200～300cm/min。

3）液压凿岩机的液压系统能自动调节冲击频率、扭矩、转速和推力，能适应不同性质的岩石以提高凿岩功效，且润滑条件好，各种零件使用寿命长。

4）操作简单，施工方便。采用三臂凿岩台车呈现出高度的机械化，在施工过程中不需要施工排架等其他辅助设施。

5）有利于环境保护，对操作人员身体健康影响小。液压钻的噪声比风动钻降低10～15dB，且工作面没有雾气，空气较清新。

虽然三臂凿岩台车的成本较高，但可以通过提高生产规模，提高工人的操作水平以减少超欠挖等手段来降低成本。从三臂凿岩台车在龙滩工程中的应用来看，使用该施工机械设备有利于保证工期及开挖支护质量。设备有利于保证工期及开挖支护质量。

#### 1.2.2.2 分裂机

分裂机是我国研制开发的新产品。分裂机由液压泵站和分裂器两大部分组成，分裂机由泵站输出的超高压油驱动油缸产生巨大推动力，并经机械放大后即可使被分裂物体按预定方向裂开。

1. 分裂机的应用

分裂机主要用于建筑石材开采作业，大块矿石（金属矿、非金属矿）的二次解体，混凝土构件（水泥路面、机床基础、桥梁及房屋构件）局部和全部拆除作业。与上述领域传统作业方式相比，分裂机具有结构简单、操作方便、作业效率高、成本低、安全、节能等一系列优点。

与国外同类产品相比，分裂机价格低（是国外产品价格1/4左右），效率高（速度快1倍）、性能好，更适用于大块岩矿石的二次解体作业。QL－P38分裂机是一种完全可以取代二次爆破和手工解体的理想设备。因此，分裂机在水利水电工程中得到广泛应用。

2. 分裂机的特点

(1) 安全性。分裂机在静态液压环境下可控制性的工作，不会像爆破机和其他冲击性拆除、凿岩设备那样产生一些危险隐患；无需采取复杂的安全措施。

(2) 环保性。分裂机工作时，不会产生振动、冲击、噪声、粉尘、飞屑等。周围环境不会受到影响，即使在人口稠密地区或室内，以及精密设备旁，都可以无干扰地工作。

(3) 经济性。分裂机数秒钟可完成分裂过程，并且可连续无间断地工作，效率高，运行及保养成本很低，无需像爆破作业那样采取隔离或其他耗时和昂贵的安全措施。

(4) 精确性。与大多数传统的拆除方法和设备不同，分裂机可以预先精确确定分裂方向，分裂形状以及需要拆除部分的尺寸，分裂精度高。

(5) 适用性。分裂机人性化的外形设计和耐用性结构设计，确保了其使用方法简单易学，仅需单人操作，维护保养便捷，使用寿命长；分裂机和液压泵站搬运也十分方便。

#### 1.2.2.3 盾构机

盾构机全称为盾构隧道掘进机，是一种隧道掘进的专用工程机械，现代盾构机集光、机、电、液、传感、信息技术于一体，具有开挖切削土体、输送土渣、拼装隧道衬砌、测量导向纠偏等功能，涉及地质、土木、机械、力学、液压、电气、控制、测量等多门学科技术，而且要按照不同的地质进行“量体裁衣”式的设计制造，可靠性要求极高。盾构机已广泛用于地铁、铁路、公路、市政、水电等隧道工程。

1. 盾构机的原理

盾构机的基本工作原理就是一个圆柱体的钢组件沿隧洞轴线边向前推进边对土壤进行挖掘。该圆柱体组件的壳体即护盾，它对挖掘出的还未衬砌的隧洞段起着临时支撑的作用，承受周围土层的压力，有时还承受地下水压以及将地下水挡在外面。挖掘、排土、衬砌等作业在护盾的掩护下进行。

2. 盾构机的特点

用盾构机进行隧洞施工具有自动化程度高、节省人力、施工速度快、一次成洞、不受气候影响、开挖时可控制地面沉降、减少对地面建筑物的影响和在水下开挖时不影响水面交通等特点，在隧洞洞线较长、埋深较大的情况下，用盾构机施工更为经济合理。

3. 盾构机的分类

根据盾构机不同的分类，盾构开挖方法可分为敞开式、机械切削式、网格式和挤压式等。为了减少盾构施工对地层的扰动，可先借助千斤顶驱动盾构使其切口贯入土层，然后在切口内进行土体开挖与运输。

(1) 敞开式开挖。手掘式及半机械式盾构均为半敞开式开挖，这种方法适用于地质条件较好，开挖面在掘进中能维持稳定或在有辅助措施时能维持稳定的情况，其开挖一般是从顶部开始逐层向下挖掘。若土层较差，还可借用千斤顶加撑板对开挖面进行临时支撑。

(2) 机械切削式开挖。机械切削式开挖指与盾构直径相仿的全断面旋转切削刀盘开挖方式。根据地质条件的好坏，大刀盘可分为刀架间无封板及有封板两种。刀架间无封板适用于土质较好的条件。大刀盘开挖方式，在弯道施工或纠偏时不如敞开式开挖便于超挖；此外，清除障碍物也不如敞开式开挖。使用大刀盘的盾构，机械构造复杂，消耗动力较大。目前国内外较先进的泥水加压盾构、土压平衡盾构，均采用这种开挖方式。

（3）网格式开挖。采用网格式开挖，开挖面由网格梁与格板分成许多格子。开挖面的支撑作用是由土的黏聚力和网格厚度范围内的阻力而产生的。当盾构推进时，土体就从格子里挤出来。根据土的性质，可以调节网格的开孔面积。采用网格式开挖时，在所有千斤顶缩回后，会产生较大的盾构后退现象，导致地表沉降，因此，在施工中务必采取有效措施，防止盾构后退。

（4）挤压式开挖。全挤压式和局部挤压式开挖，由于不出土或只部分出土，对地层有较大的扰动，在施工轴线时，应尽量避开地面建筑物。局部挤压式施工时，要精心控制出土量，以减少和控制地表变形。全挤压式施工时，盾构把四周一定范围内的土体挤密实。

### 1.2.3 水利水电工程新技术与新工艺

随着社会的发展，新施工技术和新施工工艺也在不断更新和发展。水利水电工程施工的新技术和新工艺的发展，促进了水利水电工程的发展，也使一些无法实现的项目成为现实。

#### 1.2.3.1 锚喷支护工程施工新技术

锚喷支护是喷射混凝土、锚杆以及钢筋网（或钢纤维）用于围岩支护的总称。随着围岩稳定程度的不同，它们可以单独设置，也可以综合运用。当围岩稳定性较好时，可以采用锚杆支护或喷射混凝土支护；当围岩稳定性较差时，可以采用锚网喷联合支护。

#### 1.2.3.2 地基处理新技术

*1. 防渗帷幕灌浆——GIN 灌浆法*

岩基防渗帷幕灌浆自乌江渡工程以来，我国逐渐推广了孔口封闭灌浆法，一批大中型水利水电工程采用孔口封闭法建造了高标准的防渗帷幕。随着二滩、小浪底工程的建设，国际上一些高效率的施工方法（如 GIN 灌浆法、自下而上纯压式灌浆法等）引进中国，促进了我国灌浆技术的发展。

GIN（Grouting Intensity Number，灌浆强度值）法的基本概念是，对任意孔段的灌浆，都有一定的能量消耗，这个能量消耗的数值，近似等于该孔段最终灌浆压力 $P$ 和灌入浆液体积 $V$ 的乘积 $PV$，$PV$ 就称为灌浆强度值，即 GIN。由于裂隙岩体灌浆时，大裂隙常常注入量大而使用压力小，细裂隙常常注入量小而使用压力高。隆巴迪认为，如果在各个灌浆段的全部灌浆过程中，都控制 GIN 为一常数，就可以自动地对开敞的宽大裂隙限制其注入量，对比较致密的可灌性差的地段提高灌浆压力。由于 GIN 等于常数，在压力-注入量坐标系上，GIN 曲线是一条双曲线，再加上对最大灌浆压力和最大注入量的限制，就组成了一条对灌浆过程控制的包络线。

GIN 法灌浆的要点有：①采用一种固定配比的稳定浆液，灌浆过程中不变浆；②用 GIN 曲线控制灌浆压力，在需要的地方尽量使用高的压力，在有害和无益的地方避免使用高压力；③用电子计算机监测和控制灌浆过程，实时控制灌浆压力和注入率，绘制 $P-V$ 过程曲线，掌握灌浆结束条件。

GIN 法灌浆几乎自动地考虑了岩体地质条件的实际不规则性，使得沿帷幕体的总的注入浆量合理分布，灌浆帷幕的效益-投资比率达到最大。GIN 法在欧美一些国家的工程中应用，取得了较好的效果，但也有一些学者提出异议。我国于 1994 年引进，曾在湖南江垭水利枢纽、长江三峡水利枢纽等工程中进行过灌浆试验。黄河小浪底水利枢纽在充分进行灌浆试验的基础上，提出了以孔口封闭法为基础，嫁接 GIN 法，取二者之长，并在防渗帷幕工程中应用，取得了满意的效果。

2. 无盖重固结灌浆

坝基固结灌浆与大坝混凝土浇筑在工期上常常存在矛盾。二滩、三峡工程在部分坝块采取了无盖重灌浆，或仅浇筑、找平混凝土后即进行固结灌浆。二滩工程在无盖重灌浆的坝段预埋了灌浆管，以后对孔口的灌浆段进行补充灌浆。三峡工程的灌浆成果表明，无盖重（或浇筑找平混凝土灌浆）在技术上是可行的，可以满足设计要求，能够节约钻孔和工期，但在缓倾角裂隙发育的部位不宜采用。

3. 岩溶灌浆

以乌江渡等建设在岩溶地区的水电站为标志，我国的岩溶灌浆具有很高的技术水平。

为了截断岩溶洞穴中高流速地下水的需要，中国水利水电科学院和国电公司贵阳勘测设计研究院共同研究发明了一种模袋灌浆技术。这项技术是在充分探明溶洞状态的前提下，通过向钻孔中安设特制的模袋，并向模袋中注入速凝浆液，从而达到堵塞岩溶通道的目的。这项技术已在贵州、广西的一些工程中应用，取得良好效果。

4. 隧洞灌浆

由于一些承受高水头压力隧洞施工的需要，隧洞围岩固结灌浆继续向高压力发展。继 1992 年天生桥二级水电站引水隧洞进行了 6.0MPa 高压固结灌浆、广州抽水蓄能电站输水洞进行了 6.1MPa 的灌浆之后，天荒坪抽水蓄能电站进行了 9.5MPa 高压固结灌浆，这是我国水工隧洞灌浆采用最高的灌浆压力。

山西万家寨引黄工程输水隧洞大量采用了隧洞掘进机（TBM）掘进成洞，隧洞衬砌采用预制混凝土管片，管片与洞壁之间充填豆砾石（细骨料），之后对豆砾石进行灌浆。这是我国水工隧洞衬砌和灌浆的新形式。

5. 振孔高喷

振孔高喷是近年出现的一种钻喷一体的喷射注浆新技术。其基本原理是以大功率振动锤将整根高喷管采用振、转结合一次快速振入预定深度，然后随即上提喷射注浆完成造墙施工。其喷射注浆机理与常规高喷相似，成孔机理先进，不需固壁材料。由于振管成孔速度快、工效高，可采用 1 机 2 泵配制注浆（1 台高喷机配 2 台压力不小于 35MPa、流量不低于 140L/min 的灌浆泵），因此可采取不分序连续作业方式和较小的孔距、较快的提升速度施工，特别适宜回填地层的高喷注浆。其不足之处是受机具动力影响，使孔深受到限制（已有的工程实例约 18m）。

#### 1.2.3.3 爆破工程施工新技术

1. 定向爆破筑坝

定向爆破筑坝是利用陡峻的岸坡布药，定向松动崩塌或抛掷爆落岩石至预定位置，拦断河道，然后通过人工修整达到坝的设计轮廓的筑坝技术。

适用条件：

(1) 地形上要求河谷狭窄，岸坡陡峻（通常在40°以上）。

(2) 地质上要求爆区岩性均匀、强度高、风化弱、构造简单、覆盖层薄、地下水位低、渗水量小。

(3) 水工上对坝体有严格防渗要求的多采用斜墙防渗。

(4) 泄水和导流建筑物的进出口应在堆积范围以外并满足防止爆破震动影响的安全要求。

药包布置图如图 1-2 所示。

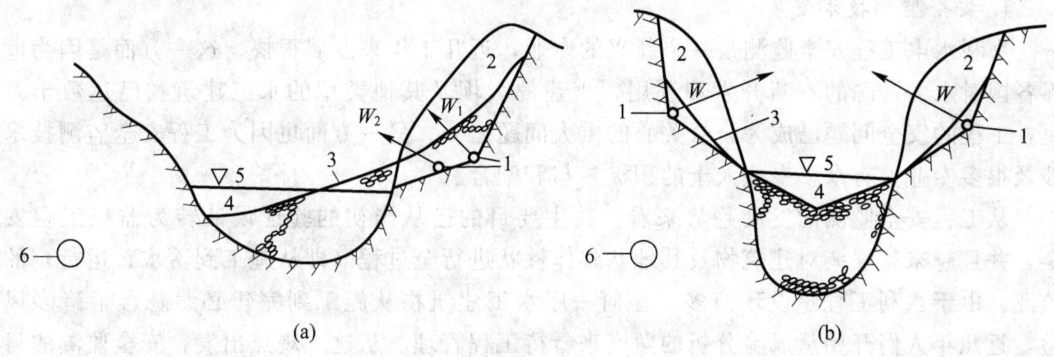


图 1-2 定向爆破筑坝药包布置图

(a) 单岸爆破；(b) 双岸爆破

1—药包；2—爆破漏斗；3—爆堆顶部轮廓线；4—鞍点；5—坝顶高程；6—导流隧洞

2. 岩塞爆破

岩塞爆破是一种水下控制爆破。在已建水库或天然湖泊中取水、发电、灌溉、供水和泄洪时，为修建隧洞的取水口，避免在深水中建造围堰，采用岩塞爆破是一种经济而有效的方法。

(1) 岩塞布置：岩塞厚度一般为岩塞底部直径的 1～1.5 倍，太厚则难以一次爆通，太薄则不安全。岩塞的布置见图 1-3。

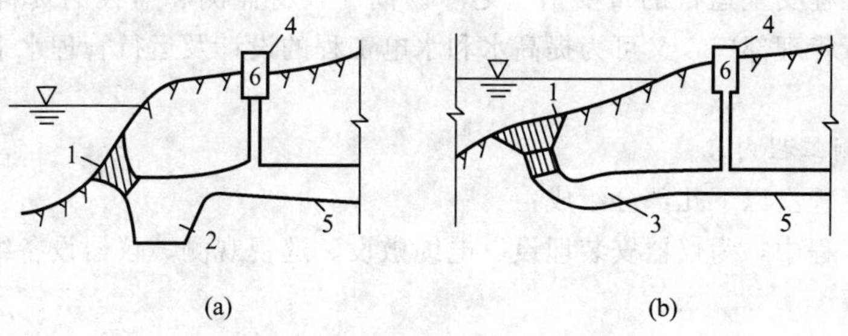


图 1-3 岩塞爆破岩塞布置图

(a) 设集渣坑集渣；(b) 设缓冲坑泄渣

1—岩塞；2—集渣坑；3—缓冲坑；4—闸门井；5—引水隧洞；6—操纵室

(2) 装药量计算、装药及起爆。

装药量计算：岩塞爆破为水下爆破，装药量计算应考虑静水压力的作用，比常规抛掷爆破药量增大20％～30％。

装药：采用洞室与钻孔相结合的爆破方案时，在岩塞中心线居中稍微偏上的位置布置一个集中药包，而在其外圈则布置扩大爆破钻孔。该方案集中了前两种方案的优点而克服了两者的缺点，适合于任意断面岩塞的爆破。

起爆：起爆顺序依次为周边预裂孔、中间集中药包（或掏槽爆破孔）和扩大药包。起爆网路采用复式并－串－并电爆或电爆加导爆索复式网路。

#### 1.2.3.4 安全监测新技术

1. 安全监测技术发展

水利水电工程安全监测是一个新兴的专业，近几十年来发展很快。这一方面是因为世界各国对水力资源的不断开发和利用，兴建的大坝及其他类型的水工建筑物已达数十万座，工程的安全问题已成为公众关心的重大问题之一；另一方面也因为工程安全监测技术涉及很多专业，有众多专业人士的积极参与和配合。

从工程安全监测的发展趋势来看，其主要目的已从当初的验证设计转为监视工程安全，并且越来越强调对建筑物及其地基整体性状进行全过程（即从施工到蓄水、运行）的监测。由于水利工程建设环节多，任何一座水工建筑物从施工到完建必然隐含了诸多风险，近几年人们开始从风险分析的角度来看待工程管理。从这一观点出发，安全监测的目的就是要及时发现和处理因这些风险因素可能造成的工程安全事故，进而杜绝事故或把事故的损失降低到最低程度。为了适应安全监测系统功能需求的不断提高，监测仪器及数据采集方式已从人工测读向自动化方向发展，监测资料分析逐渐从被动性的后处理向主动性的实时分析过渡，安全监测的重点也从监测向监控转变。这些都要求我们用全新的观念去研究、设计、布置、管理工程安全监测系统。

各种水利水电工程建筑物大多建造在地质构造复杂、岩土特性不均匀的地基上，在各种力的作用和自然因素的影响下，其工作性态和安全状况随时都在变化。根据工程等级、规模、结构形式及其地形、地质条件和地理环境等因素，设置相应的监测项目及设施以及时掌握建筑物的工作性态。国内外大量工程实践表明，对水利水电工程进行全面的监测和监控，是保证工程安全运行的重要措施之一。同时，将监测和监控的资料及时反馈给设计、施工和运行管理部门，又可为提高水利水电工程的设计及运行管理水平提供可靠的科学依据。

2. 安全监测工程内容

安全监测工程由以下几部分组成：

（1）监测工程中，为仪器安装埋设、电缆敷设、巡视观测、仪器设备维修等项目所做的土建工程。

（2）仪器组装与安装埋设工程。

（3）电缆敷设工程。

（4）仪器设备及电缆维护工程。

（5）观测与巡视及其有关工程。

（6）监测自动化系统工程。

（7）资料整理分析、反馈、安全预报及其有关工程。

3. 安全监测工程质量控制方法

(1) 初期控制。在设计阶段必须通过必要的勘测、试验和研究得出参数，用于确定仪器布置位置、深度和数量。工程施工开始前，还必须进行各种试验，确定合理的标准和仪器安装工艺参数，以保证满足设计和规范要求。

(2) 施工控制。在仪器安装埋设的全过程中，必须对仪器、传感元件、材料、设备工艺等进行连续性的检验，以保证它们质量的稳定性，并做好以下安装记录。安装记录应由承包商和监理工程师双方签字。

(3) 监测控制。监测控制包括数据采集记录、数据处理与反馈、仪器维护与标定。这个阶段，首先根据规定的读数频率，满足系统性和时间上的连续性要求，以仪器的精度和准确度为标准检测或判定数据的偏差是否正常。定期进行现场标定，以检查仪器工作状态，及时维修和校正。监测自动化系统调试时，应与人工观测数据进行同步比测，并将监测自动化的基准调整到与人工观测相一致，应进行整机和取样检验考核。

(4) 合格控制。合格控制可分为仪器安装合格验收和工程交付使用前的合格验收。控制监测工程合格质量水平的一个重要环节，是控制仪器性能的均值及其标准差能满足设计规定的最小变化速率要求。

# 2 水利水电工程最新法律、法规和标准、规范

## 2.1 《中华人民共和国防汛条例》(国务院令第441号)

### 2.1.1 防汛与抢险的基本责任

为了做好防汛抗洪工作，保障人民生命财产安全和经济建设的顺利进行，根据《中华人民共和国水法》(以下简称《水法》)，1991年6月28日国务院第八十七次常务会议通过了《中华人民共和国防汛条例》(以下简称《防汛条例》)，这是新中国第一部管理防汛工作的法规，标志着我国防汛管理步入了法制化轨道。但是，随着社会经济的发展和防汛抗洪实际工作的要求，《防汛条例》存在的问题和局限性也逐渐显现出来，国务院对《防汛条例》进行了修改，2005年7月15日国务院发布了《关于修改〈中华人民共和国防汛条例〉的决定》(国务院令第441号)并于发布之日起施行。该条例分为总则、防汛组织、防汛准备、防汛与抢险、善后工作、防汛经费、奖励与罚则、附则等8章共49条。

《防汛条例》规定，防汛工作实行"安全第一，常备不懈，以防为主，全力抢险"的方针，遵循团结协作和局部利益服从全局利益的原则。防汛工作实行各级人民政府行政首长负责制，实行统一指挥，分级分部门负责。各有关部门实行防汛岗位责任制。任何单位和个人都有参加防汛抗洪的义务。中国人民解放军和武装警察部队是防汛抗洪的重要力量。

《防汛条例》第23条规定："省级人民政府防汛指挥部，可以根据当地的洪水规律，规定汛期起止日期。当江河、湖泊、水库的水情接近保证水位或者安全流量时，或者防洪工程设施发生重大险情，情况紧急时，县级以上地方人民政府可以宣布进入紧急防汛期，并报告上级人民政府防汛指挥部。"汛期是指江河、湖泊中每年出现汛水的期间。汛是指江河、湖泊中每年季节性或周期性的涨水现象。保证水位是指保证江河、湖泊、水库在汛期安全运用的上限水位，相应保证水位时的流量称为安全流量。警戒水位是指江河、湖泊的水位在汛期上涨可能出现险情之前而必须开始警戒并准备防汛工作时的水位。

《防汛条例》第27条规定："在汛期，河道、水库、水电站、闸坝等水工程管理单位必须按照规定对水工程进行巡查，发现险情，必须立即采取抢护措施，并及时向防汛指挥部和上级主管部门报告。其他任何单位和个人发现水工程设施出现险情，应当立即向防汛指挥部和水工程管理单位报告。"

《防汛条例》第32条规定："在紧急防汛期，为了防汛抢险需要，防汛指挥部有权在其管辖范围内，调用物资、设备、交通运输工具和人力，事后应当及时归还或者给予适当补偿。因抢险需要取土占地、砍伐林木、清除阻水障碍物的，任何单位和个人不得阻拦。

前款所指取土占地、砍伐林木的，事后应当依法向有关部门补办手续。”

《防汛条例》第 33 条规定：“当河道水位或者流量达到规定的分洪、滞洪标准时，有管辖权的人民政府防汛指挥部有权根据经批准的分洪、滞洪方案，采取分洪、滞洪措施。采取上述措施对毗邻地区有危害的，须经有管辖权的上级防汛指挥机构批准，并事先通知有关地区。

在非常情况下，为保护国家确定的重点地区和大局安全，必须作出局部牺牲时，在报经有管辖权的上级人民政府防汛指挥部批准后，当地人民政府防汛指挥部可以采取非常紧急措施。

实施上述措施时，任何单位和个人不得阻拦，如遇到阻拦和拖延时，有管辖权的人民政府有权组织强制实施。”分洪和滞洪措施通常是指利用低洼地或在湖泊修筑圩堤分泻或分蓄河道超标准洪水的措施。

对于违反上述规定的行为，《防汛条例》第 43 条规定：“有下列行为之一者，视情节和危害后果，由其所在单位或者上级主管机关给予行政处分；应当给予治安管理处罚的，依照《中华人民共和国治安管理处罚条例》的规定处罚；构成犯罪的，依法追究刑事责任：

（一）拒不执行经批准的防御洪水方案、洪水调度方案，或者拒不执行有管辖权的防汛指挥机构的防汛调度方案或者防汛抢险指令的；

（二）玩忽职守，或者在防汛抢险的紧要关头临阵逃脱的；

（三）非法扒口决堤或者开闸的；

（四）挪用、盗窃、贪污防汛或者救灾的钱款或者物资的；

（五）阻碍防汛指挥机构工作人员依法执行职务的；

（六）盗窃、毁损或者破坏堤防、护岸、闸坝等水工程建筑物和防汛工程设施以及水文监测、测量设施、气象测报设施、河岸地质监测设施、通信照明设施的；

（七）其他危害防汛抢险工作的。”

《防汛条例》第 44 条规定：“违反河道和水库大坝的安全管理，依照《中华人民共和国河道管理条例》和《水库大坝安全管理条例》的有关规定处理。”

### 2.1.2 防汛组织的基本要求

《防汛条例》第 6 条规定：“国务院设立国家防汛总指挥部，负责组织领导全国的防汛抗洪工作，其办事机构设在国务院水行政主管部门。

长江和黄河，可以设立由有关省、自治区、直辖市人民政府和该江河的流域管理机构（以下简称流域机构）负责人等组成的防汛指挥机构，负责指挥所辖范围的防汛抗洪工作，其办事机构设在流域机构。长江和黄河的重大防汛抗洪事项须经国家防汛总指挥部批准后执行。

国务院水行政主管部门所属的淮河、海河、珠江、松花江、辽河、太湖等流域机构，设立防汛办事机构，负责协调本流域的防汛日常工作。”

《防汛条例》第 7 条规定：“有防汛任务的县级以上地方人民政府设立防汛指挥部，由有关部门、当地驻军、人民武装部负责人组成，由各级人民政府首长担任指挥。各级人民政府防汛指挥部在上级人民政府防汛指挥部和同级人民政府的领导下，执行上级防汛指令，制定各项防汛抗洪措施，统一指挥本地区的防汛抗洪工作。”防汛减灾工作是一项社会性的公益事业，也是一项非常复杂的系统工程，需要各级政府对其实施有效的社会管理。因此，《防汛条例》明确规定，有防汛任务的县级以上地方人民政府设立防汛指挥部，明确防汛指挥部的政府职能，同时明确防汛紧急情况下各部门各单位的职责。对防汛抗洪工作实行统一领导、统一指挥、统一调度是夺取防洪抗灾胜利的最基本条件，防汛指挥部必须具有很强的权威性。《防汛条例》规定了防汛抗洪工作实行各级人民政府行政首长负责制，这是防汛抗洪必须具备的组织保证。《中华人民共和国防洪法》（以下简称《防洪法》）第38条规定："防汛抗洪工作实行各级人民政府行政首长负责制，统一指挥、分级分部门负责。"所以，防汛工作责任制必须依法严格执行，并贯穿到防汛工作的全过程。

《防汛条例》第8条规定："石油、电力、邮电、铁路、公路、航运、工矿以及商业、物资等有防汛任务的部门和单位，汛期应当设立防汛机构，在有管辖权的人民政府防汛指挥部统一领导下，负责做好本行业和本单位的防汛工作。"

《防汛条例》第9条规定："河道管理机构、水利水电工程管理单位和江河沿岸在建工程的建设单位，必须加强对所辖水工程设施的管理维护，保证其安全正常运行，组织和参加防汛抗洪工作。"

《防汛条例》第42条规定："有下列事迹之一的单位和个人，可以由县级以上人民政府给予表彰或者奖励：

（一）在执行抗洪抢险任务时，组织严密，指挥得当，防守得力，奋力抢险，出色完成任务者；

（二）坚持巡堤查险，遇到险情及时报告，奋力抗洪抢险，成绩显著者；

（三）在危险关头，组织群众保护国家和人民财产，抢救群众有功者；

（四）为防汛调度、抗洪抢险献计献策，效益显著者；

（五）气象、雨情、水情测报和预报准确及时，情报传递迅速，克服困难，抢测洪水，因而减轻重大洪水灾害者；

（六）及时供应防汛物料和工具，爱护防汛器材，节约经费开支，完成防汛抢险任务成绩显著者；

（七）有其他特殊贡献，成绩显著者。"

### 2.1.3　防汛准备工作的基本要求

《防汛条例》第11条规定："有防汛任务的县级以上人民政府，应当根据流域综合规划、防洪工程实际状况和国家规定的防洪标准，制定防御洪水方案（包括对特大洪水的处置措施）。

长江、黄河、淮河、海河的防御洪水方案，由国家防汛总指挥部制定，报国务院批准后施行；跨省、自治区、直辖市的其他江河的防御洪水方案，有关省、自治区、直辖市人民政府制定后，经有管辖权的流域机构审查同意，由省、自治区、直辖市人民政府报国务院或其授权的机构批准后施行。

有防汛抗洪任务的城市人民政府，应当根据流域综合规划和江河的防御洪水方案，制定本城市的防御洪水方案，报上级人民政府或其授权的机构批准后施行。

防御洪水方案经批准后，有关地方人民政府必须执行。"

《防汛条例》第12条规定："有防汛任务的地方，应当根据经批准的防御洪水方案制定洪水调度方案。长江、黄河、淮河、海河（海河流域的永定河、大清河、漳卫南运河和北三河）、松花江、辽河、珠江和太湖流域的洪水调度方案，由有关流域机构会同有关省、自治区、直辖市人民政府制定，报国家防汛总指挥部批准。跨省、自治区、直辖市的其他江河的洪水调度方案，由有关流域机构会同有关省、自治区、直辖市人民政府制定，报流域防汛指挥机构批准；没有设立流域防汛指挥机构的，报国家防汛总指挥部批准。其他江河的洪水调度方案，由有管辖权的水行政主管部门会同有关地方人民政府制定，报有管辖权的防汛指挥机构批准。

洪水调度方案经批准后，有关地方人民政府必须执行。修改洪水调度方案，应当报经原批准机关批准。”洪水调度方案是规范防汛抗洪工作程序，有效防控、科学防洪，实施洪水管理的具体措施。洪水调度方案要与防御洪水方案所确定的目标、原则和总体对策一致，要具体，具有可操作性。

《防汛条例》第 13 条规定：“有防汛抗洪任务的企业应当根据所在流域或者地区经批准的防御洪水方案和洪水调度方案，规定本企业的防汛抗洪措施，在征得其所在地县级人民政府水行政主管部门同意后，由有管辖权的防汛指挥机构监督实施。”

《防汛条例》第 14 条规定：“水库、水电站、拦河闸坝等工程的管理部门，应当根据工程规划设计、经批准的防御洪水方案和洪水调度方案以及工程实际状况，在兴利服从防洪，保证安全的前提下，制定汛期调度运用计划，经上级主管部门审查批准后，报有管辖权的人民政府防汛指挥部备案，并接受其监督。汛期调度运用计划经批准后，由水库、水电站、拦河闸坝等工程的管理部门负责执行。”

《防汛条例》第 15 条规定：“各级防汛指挥部应当在汛前对各类防洪设施组织检查，发现影响防洪安全的问题，责成责任单位在规定的期限内处理，不得贻误防汛抗洪工作。各有关部门和单位按照防汛指挥部的统一部署，对所管辖的防洪工程设施进行汛前检查后，必须将影响防洪安全的问题和处理措施报有管辖权的防汛指挥部和上级主管部门，并按照该防汛指挥部的要求予以处理。”

《防汛条例》第 21 条规定：“各级防汛指挥部应当储备一定数量的防汛抢险物资，由商业、供销、物资部门代储的，可以支付适当的保管费。受洪水威胁的单位和群众应当储备一定的防汛抢险物料。

防汛抢险所需的主要物资，由计划主管部门在年度计划中予以安排。”

对于拒不执行经批准的防御洪水方案、洪水调度方案，或者拒不执行有管辖权的防汛指挥机构的防汛调度方案或者防汛抢险指令的，《防汛条例》第 43 条规定：“视情节和危害后果，由其所在单位或者上级主管机关给予行政处分；应当给予治安管理处罚的，依照《中华人民共和国治安管理处罚条例》的规定处罚；构成犯罪的，依法追究刑事责任。”

## 2.2 《中华人民共和国河道管理条例》（国务院令第 3 号）

### 2.2.1 河道整治与建设的基本规定

为加强河道管理，保障防洪安全，发挥江河湖泊的综合效益，根据《水法》，国务院于1988年6月10日颁发了《中华人民共和国河道管理条例》（以下简称《河道管理条例》）（国务院令第3号），自公布之日起施行。该条例分总则、河道整治与建设、河道保护、河道清障、经费、罚则和附则共7章51条。《河道管理条例》适用于中华人民共和国领域内的河道（包括湖泊、人工水道、行洪区、蓄洪区、滞洪区）。河道内的航道，同时适用《中华人民共和国航道管理条例》。《河道管理条例》强调“开发利用江河湖泊水资源和防治水害，应当全面规划、统筹兼顾、综合利用、讲求效益，服从防洪的总体安排，促进各项事业的发展。”

河道是供江河湖泊水流流通的通道和载体。河道的管理范围分为：有堤防的河道，其管理范围为两岸堤防之间的水域、沙洲、滩地（包括可耕地）、行洪区、两岸堤防及护堤地。无堤防的河道，其管理范围根据历史最高洪水位或者设计洪水位确定。河道的具体管理范围，由县级以上地方人民政府负责划定。河道整治与建设的总体要求是，河道的整治与建设应当服从流域综合规划，符合国家规定的防洪标准、通航标准和其他有关技术要求，维护堤防安全，保持河势稳定和行洪、航运通畅。

《河道管理条例》第11条规定：“修建开发水利、防治水害、整治河道的各类工程和跨河、穿河、穿堤、临河的桥梁、码头、道路、渡口、管道、缆线等建筑物及设施，建设单位必须按照河道管理权限，将工程建设方案报送河道主管机关审查同意后，方可按照基本建设程序履行审批手续。建设项目经批准后，建设单位应当将施工安排告知河道主管机关。”关于河道管理权限，《河道管理条例》第5条规定：“国家对河道实行按水系统一管理和分级管理相结合的原则。长江、黄河、淮河、海河、珠江、松花江、辽河等大江大河的主要河段，跨省、自治区、直辖市的重要河段，省、自治区、直辖市之间的边界河道以及国境边界河道，由国家授权的江河流域管理机构实施管理，或者由上述江河所在省、自治区、直辖市的河道主管机关根据流域统一规划实施管理。其他河道由省、自治区、直辖市或者市、县的河道主管机关实施管理。”

《河道管理条例》第12条规定：“修建桥梁、码头和其他设施，必须按照国家规定的防洪标准所确定的河宽进行，不得缩窄行洪通道。桥梁和栈桥的梁底必须高于设计洪水位，并按照防洪和航运的要求，留有一定的超高。设计洪水位由河道主管机关根据防洪规划确定。跨越河道的管道、线路的净空高度必须符合防洪和航运的要求。”设计洪水位系指根据防洪标准分析计算与该标准相应的洪水位。防洪标准是指根据防洪保护对象的重要性和经济合理性而由国家确定的防御洪水的标准，通常采用洪水的重现期（$N$）或出现频率（$P\%$）表示。

《河道管理条例》第13条规定：“交通部门进行航道整治，应当符合防洪安全要求，并事先征求河道主管机关对有关设计和计划的意见。水利部门进行河道整治，涉及航道的，应当兼顾航运的需要，并事先征求交通部门对有关设计和计划的意见。

在国家规定可以流放竹木的河流和重要的渔业水域进行河道、航道整治，建设单位应当兼顾竹木水运和渔业发展的需要，并事先将有关设计和计划送同级林业、渔业主管部门征求意见。”河道整治是指采取各种治理措施改善河道边界条件及水流流态以满足人类各项工作的需要。

《河道管理条例》第14条规定：“堤防上已修建的涵闸、泵站和埋设的穿堤管道、缆线等建筑物及设施，河道主管机关应当定期检查，对不符合工程安全要求的，限期改建。

在堤防上新建前款所指建筑物及设施，必须经河道主管机关验收合格后方可启用，并服从河道主管机关的安全管理。”

《河道管理条例》第 18 条规定：“河道清淤和加固堤防取土以及按照防洪规划进行河道整治需要占用的土地，由当地人民政府调剂解决。因修建水库、整治河道所增加的可利用土地，属于国家所有，可以由县级以上人民政府用于移民安置和河道整治工程。”防洪规划是指为防治某河流或某沿河地区的洪水灾害而制定的工程措施与非工程措施总体计划。

《河道管理条例》第 25 条规定：“在河道管理范围内进行下列活动，必须报经河道主管机关批准；涉及其他部门的，由河道主管机关会同有关部门批准：

（一）采砂、取土、淘金、弃置砂石或者淤泥；

（二）爆破、钻探、挖筑鱼塘；

（三）在河道滩地存放物料、修建厂房或者其他建筑设施；

（四）在河道滩地开采地下资源及进行考古发掘。”

### 2.2.2 违反《河道管理条例》的处罚规定

《河道管理条例》第 44 条规定：“违反本条例规定，有下列行为之一的，县级以上地方人民政府河道主管机关除责令其纠正违法行为、采取补救措施外，可以并处警告、罚款、没收非法所得；对有关责任人员，由其所在单位或者上级主管机关给予行政处分；构成犯罪的，依法追究刑事责任：

（一）在河道管理范围内弃置、堆放阻碍行洪物体的；种植阻碍行洪的林木或者高秆植物的；修建围堤、阻水渠道、阻水道路的；

（二）在堤防、护堤地建房、放牧、开渠、打井、挖窖、葬坟、晒粮、存放物料、开采地下资源、进行考古发掘以及开展集市贸易活动的；

（三）未经批准或者不按照国家规定的防洪标准、工程安全标准整治河道或者修建水工程建筑物和其他设施的；

（四）未经批准或者不按照河道主管机关的规定在河道管理范围内采砂、取土、淘金、弃置砂石或者淤泥、爆破、钻探、挖筑鱼塘的；

（五）未经批准在河道滩地存放物料、修建厂房或者其他建筑设施，以及开采地下资源或者进行考古发掘的；

（六）违反本条例第 27 条的规定，围垦湖泊、河流的；

（七）擅自砍伐护堤护岸林木的；

（八）汛期违反防汛指挥部的规定或者指令的。”

《河道管理条例》第 45 条规定：“违反本条例规定，有下列行为之一的，县级以上地方人民政府河道主管机关除责令其纠正违法行为、赔偿损失、采取补救措施外，可以并处警告、罚款；应当给予治安管理处罚的，按照《中华人民共和国治安管理处罚条例》的规定处罚；构成犯罪的，依法追究刑事责任：

（一）损毁堤防、护岸、闸坝、水工程建筑物，损毁防汛设施、水文监测和测量设施、河岸地质监测设施以及通信照明等设施；

（二）在堤防安全保护区内进行打井、钻探、爆破、挖筑鱼塘、采石、取土等危害堤防安全的活动的；

（三）非管理人员操作河道上的涵闸闸门或者干扰河道管理单位正常工作的。”

## 2.3 《重点小型病险水库除险加固项目管理办法》（财建［2007］1025号）

### 2.3.1 水库大坝安全鉴定

根据党中央、国务院提出的用3年时间完成全国重点小型病险水库除险加固任务的部署，为加强专项资金管理和项目管理，确保加固项目顺利实施和资金使用安全，充分发挥资金使用效益，财政部、水利部联合制定了《重点小型病险水库除险加固项目管理办法》（财建［2007］1025号）。病险水库是指按照《水库大坝安全鉴定办法》（2003年8月1日前后分别执行水利部水管［1995］86号、水建管［2003］271号），通过规定程序确定为三类坝的水库。大坝包括永久性挡水建筑物，以及与其配合运用的泄洪、输水和过船等建筑物。重点小型病险水库，是指列入《全国病险水库除险加固专项规划》（简称《专项规划》）的小型病险水库：①中部地区影响建制镇以上城镇安全、西部地区影响建制镇或人口密集村屯安全的小型水库；②危及下游重要交通干线以及国家大型厂矿企业和重要军事、通讯设施的小型水库；列入《专项规划》的小型病险水库原则上不包括1990年以后建成和1998年以来中央已补助投资完成的除险加固项目。

根据水利部《水库大坝安全鉴定办法》（水建管［2003］271号），大坝实行定期安全鉴定制度，首次安全鉴定应在竣工验收后5年内进行，以后应每隔6～10年进行一次。运行中遭遇特大洪水、强烈地震、工程发生重大事故或出现影响安全的异常现象后，应组织专门的安全鉴定。

国务院水行政主管部门对全国的大坝安全鉴定工作实施监督管理。水利部大坝安全管理中心对全国的大坝安全鉴定工作进行技术指导。大坝主管部门（单位）负责组织所管辖大坝的安全鉴定工作。

根据水利部《水库大坝安全鉴定办法》（水建管［2003］271号），大坝安全状况分为三类，分类标准如下。

一类坝：实际抗御洪水标准达到《防洪标准》GB 50201—94规定，大坝工作状态正常；工程无重大质量问题，能按设计正常运行的大坝。

二类坝：实际抗御洪水标准不低于部颁水利枢纽工程除险加固近期非常运用洪水标准，但达不到《防洪标准》GB 50201—94规定；大坝工作状态基本正常，在一定控制运用条件下能安全运行的大坝。

三类坝：实际抗御洪水标准低于部颁水利枢纽工程除险加固近期非常运用洪水标准，或者工程存在较严重安全隐患，不能按设计正常运行的大坝。

大坝安全鉴定包括大坝安全评价、大坝安全鉴定技术审查和大坝安全鉴定意见审定三个基本程序：

（1）鉴定组织单位负责委托满足规定要求的大坝安全评价单位（简称“鉴定承担单位”）对大坝安全状况进行分析评价，并提出大坝安全评价报告和大坝安全鉴定报告书。

（2）由鉴定审定部门或委托有关单位组织并主持召开大坝安全鉴定会，组织专家审查大坝安全评价报告，通过大坝安全鉴定报告书。

（3）鉴定审定部门审定并印发大坝安全鉴定报告书。

根据水利部《水库大坝安全鉴定办法》（水建管［2003］271号），满足规定要求的大坝安全评价单位是：

1）大型水库和影响县城安全或坝高50m以上中型水库的大坝安全评价，由具有水利水电勘测设计甲级资质的单位或者水利部公布的有关科研单位和大专院校承担。

2）其他中型水库和影响县城安全或坝高30m以上小型水库的大坝安全评价由具有水利水电勘测设计乙级以上（含乙级）资质的单位承担；其他小型水库的大坝安全评价由具有水利水电勘测设计丙级以上（含丙级）资质的单位承担。上述水库的大坝安全评价也可以由省级水行政主管部门公布的有关科研单位和大专院校承担。

3）鉴定承担单位实行动态管理，对业绩表现差，成果质量不能满足要求的鉴定承担单位应当取消其承担大坝安全评价的资格。

大坝安全评价包括工程质量评价、大坝运行管理评价、防洪标准复核、大坝结构安全、稳定评价、渗流安全评价、抗震安全复核、金属结构安全评价和大坝安全综合评价等。大坝安全评价过程中，应根据需要补充地质勘探与土工试验，补充混凝土与金属结构检测，对重要工程隐患进行探测等。

根据水利部《专项规划》，3年（2007～2009年）内完成《专项规划》确定的6240座水库的除险加固任务。如期完成病险水库除险加固任务，是保障人民群众生命财产安全的迫切需要，是完善我国综合防洪减灾体系的迫切需要，是有效缓解我国干旱缺水状况的迫切需要。产生病险水库的主要原因，一是建设上的“先天不足”；二是管理上的“后天失调”。水库长期存在安全隐患，影响了水库的安全运行和效益的充分发挥，制约着水库管理单位的良性运行和水库管理水平的提高。反过来，水库管理单位体制不顺、机制不活，经费短缺、管理粗放，工程设施长期得不到正常的维修养护和更新改造，进而积病成险。

### 2.3.2 病险水库除险加固

《重点小型病险水库除险加固项目管理办法》（财建［2007］1025号）规定，重点小型病险水库除险加固项目（简称“小型病险水库项目”）实行项目管理，按照地方负总责、中央定额补助、投资按省包干使用、由地方履行基本建设程序、部门监督检查、限期完成的原则实施。其中前期工作要完成以下内容：

（1）水利部会同财政部等有关部门在安全鉴定的基础上编制《专项规划》，并视工作需要适时修订。

（2）省级水行政主管部门会同财政等部门负责全省小型病险水库项目的前期工作。有关工作按以下程序进行：

1）安全鉴定：县级以上水行政主管部门按照水利部《水库大坝安全鉴定办法》组织

有关单位对小型水库进行安全鉴定。大坝安全鉴定承担单位必须具备合格资质。省级水行政主管部门负责对安全鉴定成果进行核查。

2）初步设计：必须委托有相应资质的设计单位承担。初步设计要根据大坝安全鉴定成果核查意见明确的建设内容，充分论证加固方案的合理性。超出安全鉴定核查意见的建设任务，原则上不得列入初步设计的建设内容。省级水行政主管部门会同财政等部门对初步设计及概算进行审查并批复。

3）省级水行政主管部门要加强全省小型病险水库项目前期工作质量管理，建立小型病险水库项目前期工作管理责任制度，将前期工作各环节责任落实到人，实行责任追究制。

《重点小型病险水库除险加固项目管理办法》（财建［2007］1025号）规定，小型病险水库项目严格按规定的基本建设程序进行建设管理，落实“三制”（项目法人责任制、招标投标制、建设监理制）。

（1）各地要严格按照有关规定和程序组建和完善项目建设管理机构，选择符合任职条件的人员担任项目法人和技术负责人，严格按照工程项目等级、重要性和技术复杂程度确定建设管理人员的数量、质量。各地可根据实际积极探索集中建设管理模式。

（2）地方财政、水行政主管等部门要加强对招标投标行为的监督管理，维护招标投标秩序。要严格按照有关规定进行招标，规范招标、评标和定标行为，严格控制邀请招标，严禁转包和违法分包。

（3）监理单位必须具备相应的监理资质。要通过公开招标的方式确定监理单位。要选配足够的、符合要求的监理力量承担小型病险水库项目的监理任务。确实难以落实监理单位的，应采取多座小型水库监理业务打捆发包的方式确定监理单位。监理人员必须全部持证上岗。

（4）小型病险水库项目原则上应在中央财政专项补助资金下达之日起一年内完工，并在规定的期限内进行竣工验收。小型病险水库项目建设各个阶段、各个环节的验收工作参照《水利水电建设工程验收规程》SL223—2008和国家其他有关规定进行。具体办法由省级水行政主管部门会同财政部门制定。项目竣工验收由省级水行政主管部门组织，并将竣工验收结果于每年12月底前报送水利部和财政部。

（5）中央财政专项资金主要用于规划内小型病险水库项目的大坝稳定、基础防渗、泄洪安全等主体工程建设。有关单位应严格按规定使用专项资金，任何单位和个人不得以任何理由、任何形式截留挪用，也不得用于平衡本级预算。小型病险水库除险加固项目要严格按照《基本建设财务管理规定》（财建［2002］394号）和《国有建设单位会计制度》（财会字［1995］45号）及补充规定进行管理和核算，并按照规定编报竣工财务决算。

（6）项目法人、监理、设计及施工单位要按照有关规定，建立健全工程质量、安全管理和监督体系，严把质量和安全关，确保工程质量、安全和进度。

（7）财政部、水利部对专项资金的安排、使用及项目进度、质量、建设、管理等进行监督检查。地方各级财政、水行政主管等部门也要健全监督机制，加强监督检查，确保工程建设质量及资金使用安全和投资效益。对于违反相关规定造成损失应依法追究有关责任人员的行政责任。

(8) 对于违反规定，截留挪用、虚报项目骗取中央专项资金或其他违规行为，中央财政将相应扣减或取消其下一年度专项资金。同时，按照国务院《财政违法行为处罚处分条例》(国务院令第427号令)的规定进行处理，并依法追究有关责任人员的行政责任。

为深入贯彻落实胡锦涛总书记、温家宝总理等中央领导同志关于做好病险水库除险加固工作的一系列重要指示和全国病险水库除险加固工作电视电话会议精神，实现中央提出的在3年内完成全国大中型和重点小型病险水库除险加固任务的目标，确保工程建设进度、质量和安全，水利部2008年2月发布《关于进一步做好病险水库除险加固工作的通知》(水建管［2008］49号)，通知要求：

(1) 严格病险水库除险加固项目建设管理。病险水库除险加固项目必须按基建程序进行管理，严格执行项目法人责任制、招标投标制、建设监理制和竣工验收等制度。各地要制定切实可行的工作方案，确保除险加固任务在3年内完成；对项目多、任务重的市(地)、县(市)，要创新建设管理模式，推行集中建设管理，由县级以上人民政府负责组建统一的项目法人；省级水行政主管部门要组织对项目法人单位的行政和技术负责人进行培训，未经培训，不得上岗；要建立项目法人负责、监理单位控制、施工单位保证、政府部门监督的质量管理体系，防止发生质量事故；要按照国家有关规定做好验收工作，及时进行主体工程完工验收和项目竣工验收，大中型项目在主体工程完工验收后3年内必须进行竣工验收，重点小型项目原则上应在中央财政专项补助资金下达之日起1年内完工并验收，确保加固一座，验收一座，销号一座，发挥效益一座。

(2) 着力抓好病险水库除险加固资金配套与管理。各级水利部门要积极向政府汇报，加强与发展改革、财政部门沟通，多渠道筹集资金，切实保证地方配套资金及时、足额到位；要结合当地实际，明确省、市、县各级资金配套比例，对财政困难、配套资金难以到位的市县应加大省级配套比例；建设资金要及时拨付建设单位，专款专用，严禁挤占、挪用和滞留资金；要确保中央补助资金主要用于大坝稳定、基础防渗、泄洪安全等主体工程建设。要督促项目建设单位严格按照《基本建设财务管理规定》和《国有建设单位会计制度》做好项目财务管理工作，加强资金管理，提高资金使用效益。

(3) 建立健全病险水库除险加固安全监督管理体系。要高度重视水库安全，采取切实有效措施，确保病险水库除险加固项目施工和度汛安全。一要进一步强化安全意识，牢固树立以人为本、科学发展、安全发展、和谐发展的理念，坚决贯彻安全第一、预防为主、综合治理的方针。二要全面落实责任制，进一步明确各级水行政主管部门的监管责任和水库管理单位、项目法人单位及参建各方的主体责任，切实做到工作到位、任务到岗、责任到人。三要妥善处理施工进度、质量与安全的关系，确保施工安全，防止发生重大安全事故，坚决杜绝在建项目垮坝失事。四要制订完善水库大坝安全管理应急预案和病险水库控制运用方案，加强安全检查、隐患排查、应急管理等各项工作，确保水库度汛和运行安全。

(4) 进一步加大病险水库除险加固监督检查力度。要加大对病险水库除险加固项目的稽查和监督检查力度，同时要积极配合国家有关部门开展的稽查、审计和检查工作。对检查中发现的问题，要及时组织整改；对发生质量和安全事故的，要做到原因没有查清不放过，事故责任者没有处理不放过，干部职工没有受到教育不放过，防范措施没有落实不放过。各地要将检查与考核相结合，建立起科学、合理、有效的考核奖惩机制。

### 2.3.3 验收前蓄水安全鉴定

根据《中华人民共和国防洪法》、《水库大坝安全管理条例》和《水利水电建设工程验收规程》等规定，水库建设工程（包括新建、续建、改建、加固、修复等）在水库蓄水验收前，必须进行蓄水安全鉴定。蓄水安全鉴定是大中型水利水电建设工程蓄水验收的必要条件，未经蓄水安全鉴定不得进行蓄水验收。为加强水利水电建设工程的安全管理，提高工程蓄水验收工作质量，保障工程及上下游人民生命财产的安全，水利部颁布了《水利水电建设工程蓄水安全鉴定暂行办法》（水建管［1999］177号），该办法规定：

（1）蓄水安全鉴定，由项目法人负责组织实施。设计、施工、监理、运行、设备制造等单位负责提供资料，并有义务协助鉴定单位开展工作。建设各方应对所提供资料的准确性负责。凡在工程安全鉴定工作中提供虚假资料，发现工程安全隐患隐瞒不报或谎报的单位，由项目主管上级部门或责成有关单位按有关规定对责任者进行处理。

（2）蓄水安全鉴定的依据是有关法律、法规和技术标准，批准的初步设计报告、专题报告，设计变更及修改文件，监理签发的技术文件及说明，合同规定的质量和安全标准等。进行蓄水安全鉴定时，鉴定范围内的工程形象面貌应基本达到《水利水电建设工程验收规程》规定的蓄水验收条件，安全鉴定使用的资料已准备齐全。

（3）蓄水安全鉴定的范围是以大坝为重点，包括挡水建筑物、泄水建筑物、引水建筑物的进水口工程、涉及工程安全的库岸边坡及下游消能防护工程等与蓄水安全有关的工程项目。蓄水安全鉴定工作的重点是检查工程施工过程中是否存在影响工程安全的因素，以及工程建设期发现的影响工程安全的问题是否得到妥善解决，并提出工程安全评价意见；对不符合有关技术标准、设计文件并涉及工程安全的，分析其对工程安全的影响程度，并作出评价意见；对虽符合有关技术标准、设计文件，但专家认为构成工程安全运行隐患的，也应对其进行分析和作出评价。

（4）蓄水安全鉴定内容：

1）检查工程形象面貌是否符合蓄水要求。

2）检查工程质量（包括设计、施工等）是否存在影响工程安全的隐患。对关键部位、出现过质量事故的部位以及有必要检查的其他部位要进行重点检查，包括抽查工程原始资料和施工、设备制造验收签证，必要时应当使用钻孔取样、充水试验等技术手段进行检测。

3）检查洪水设计标准，工程泄洪设施的泄洪能力，消能设施的可靠性，下闸蓄水方案的可靠性，以及调度运行方案是否符合防洪和度汛安全的要求。

4）检查工程地质条件、基础处理、滑坡及处理、工程防震是否存在不利于建筑物的隐患。

5）检查工程安全检测设施、检测资料是否完善并符合要求。

（5）蓄水安全鉴定程序：

1）安全鉴定前，安全鉴定单位制定蓄水安全鉴定工作大纲，明确鉴定的主要内容，提出鉴定工作所需资料清单。

2）听取项目法人、设计、施工、监理、运行等建设各方的情况介绍。

3）进行现场调查，收集资料。

4）设计、施工、监理、运行等建设各方分别编写自检报告。

5）专家组集中分析、研究有关工程资料，与建设各方沟通情况，必要时进行设计复核、现场检查或检测。专家组讨论并提出鉴定报告初稿。

6）在与建设各方充分交换意见的基础上，作出工程安全评价，完成蓄水安全鉴定报告，专家组全体成员签字认可。

(6) 项目法人认为工程符合蓄水安全鉴定条件时，可决定组织蓄水安全鉴定。蓄水安全鉴定，由项目法人委托经水利部认定有资格的单位承担，与之签订蓄水安全鉴定合同，并报工程建设项目上级主管部门核备。接受委托负责蓄水安全鉴定的单位（即鉴定单位）应成立专家组，并将专家组组成情况报工程验收主持单位和相应的水利工程质量监督部门（机构）核备。

(7) 鉴定专家组应由专业水平高、工程设计、施工经验丰富、具有高级工程师以上职称的专家组成，包括水文、地质、水工、施工、机电、金属结构等有关专业。鉴定专家组三分之一以上人员须聘请鉴定责任单位以外的专家参加。项目法人、设计、施工、监理、运行、设备制造等参建单位的在职人员或从事过本工程设计、施工、管理的其他人员，不能担任专家组成员。

(8) 项目法人应组织建设各方认真做好配合鉴定专家组进行的工作，包括：

1）准确、及时提供鉴定工作所需的各种工程资料。

2）根据专家组的要求，组织相对固定的专业人员和工作人员，向专家组介绍有关工程情况，对专家组提出的问题进行解答。

3）根据专家组的要求，对有关问题进行补充分析工作，并提出相应的专题报告。

4）为专家组在现场工作提供必要的工作条件。

(9) 鉴定单位应将鉴定报告提交给项目法人，并抄报工程验收主持单位和水利工程质量监督部门（机构）。工程验收前，项目法人应负责将鉴定报告分送给验收委员会各成员。项目法人应组织建设各方，对鉴定报告中指出的工程安全问题和提出的建议，进行认真的研究和处理，并将处理情况书面报告验收委员会。建设各方对鉴定报告有重大分歧意见的，应形成书面意见送鉴定单位，并抄报工程验收主持单位和水利工程质量监督部门（机构）。

(10) 鉴定单位应独立地进行工作，提出客观、公正、科学的鉴定报告，并对鉴定结论负责。项目法人等任何单位或个人，均不得妨碍和干预鉴定单位和鉴定专家组独立地作出鉴定意见。

(11) 进行工程验收时，验收委员会依据鉴定报告，并听取建设各方的意见，作出验收结论。当对个别疑难问题难以作出结论时，主任委员单位应组织有关专家或委托科研单位进一步论证，提出结论意见。

(12) 蓄水安全鉴定不代替和减轻建设各方由于工程设计、施工、运行、制造、管理等方面存在问题应负的工程安全责任。

### 2.3.4 项目建设管理

为加强《专项规划》内“重点小型病险水库除险加固项目”（以下简称“小型项目”）建设管理，确保工程建设进度、建设质量、工程安全和资金安全，水利部制定了《关于加强重点小型病险水库除险加固项目建设管理的指导意见》（水建管［2008］348号），要求小型项目必须逐座落实政府、主管部门和建设单位责任人。要明确责任人对项目建设进度、建设质量、工程安全和资金安全的具体责任。责任人要相对固定，因人事变动，应及时调整。要建立责任追究制度，对不能按期完成任务、工程出现质量和安全事故、资金使用管理违规的，实行责任追究。省级水行政主管部门负责对本行政区域内小型项目的组织实施，要切实加强监督管理。同时提出以下主要指导意见：

(1) 落实建设管理“三项制度”。

1）项目法人责任制。在初步设计文件批复后，根据国家和部门有关规定，由县级以上人民政府按程序组建建设管理机构，明确法定代表人和技术负责人。项目法人组成人员结构要合理，专业性强的技术工作，必须由中级以上职称的专业技术人员承担；从事一般技术和管理工作的人员必须具备相应的初级以上技术职称。

除险加固项目多、任务重的县（市）或地（市），应推行集中建设管理模式，在县（市）或地（市）范围内组建一个或多个统一的项目法人，负责建设管理。

2）招标投标制。项目的施工、监理及重要设备材料采购等，严格按照《水利工程建设项目招标投标管理规定》（水利部令第14号）及其他有关规定进行招标。严格控制邀请招标，确需进行邀请招标的，由项目法人提出申请，按程序报批后实施。采取集中建设管理模式的项目法人，可对小型项目施工、监理及重要设备材料采购等进行打捆招标，引进资质高、实力强、信誉好的承包商参与项目建设。

承担项目安全鉴定、设计、施工、监理等的单位，必须具备相应的资质。有条件的地方，小型项目主体工程施工尽可能由具备二级以上资质的施工企业承担。禁止转包、违法分包和出租、出借资质、允许他人以本单位名义承揽工程，一经发现，要依法予以查处。

3）建设监理制。承担项目监理任务的监理单位，要严格按照合同及有关规定配备监理力量。监理单位应按照规范和合同的要求，编制监理工作细则。监理日志、监理月报等监理文件要严格按要求进行记录和填写。监理人员必须持证上岗。

(2) 强化质量与安全管理

1）质量与安全管理体系。项目要严格按照基本建设项目质量与安全管理规定，逐个落实工程质量与安全监督措施，建立和健全项目法人负责、施工单位保证、监理控制、政府监督的质量保证体系，明确和落实参建各方的质量与安全责任。

2）质量与安全监督。项目的质量与安全监督工作由项目的竣工验收组织单位负责，并由其质量与安全监督机构具体实施，也可采取联合监督的方式，但必须明确责任方。质量与安全监督机构要对参建各方的质量与安全管理体系和控制措施进行监督检查，对重要的阶段验收和竣工验收进行监督，并提出质量与安全鉴定报告。

3）参建单位责任。参建单位必须严格按照批准的设计文件、图纸和有关技术标准组织建设。参建单位要全面落实安全生产责任制，防止发生安全生产事故，特别是要防止在建水库垮坝失事和群死群伤事件。要加强重大质量与安全事故应急管理，制定相应的应急预案，提高质量与安全事故应急管理能力。

正在实施除险加固的病险水库，项目法人要按规定制定度汛方案报主管部门批准，并严格按照施工组织设计和度汛方案的要求安排施工，正确处理施工进度、质量与水库运用、安全度汛的关系。有管辖权的水行政主管部门要组织制定好除险加固期间水库的调度运用方案，并监督实施。

(3) 加快工程建设与完善验收手续

1) 加快工程建设。要按照3年完成任务的目标，制定切实可行的项目实施计划，确保3年内完成全部项目的除险加固任务。项目除险加固要优先实施涉及大坝安全的大坝稳定、大坝及基础防渗、泄水建筑物等建设内容。项目应在中央财政专项补助资金下达之日起12个月内完工并验收。

2) 完善验收手续。项目要参照《水利水电建设验收规程》SL223—2008和国家其他有关规定，做好各个阶段、各个环节的验收工作。对具备竣工验收条件的，要及时组织竣工验收。对主体工程已完工的，要及时进行主体工程完工验收。项目的竣工验收由省级水行政主管部门组织，由省级水行政主管部门或由其委托的地（市）级水行政主管部门主持，不得随意下放验收权限。具体的竣工验收方案由省级水行政主管部门制定。

## 2.4 《大中型水利水电工程建设征地补偿和移民安置条例》(国务院令第471号)

### 2.4.1 征地补偿标准的有关规定

为了做好大中型水利水电工程建设征地补偿和移民安置工作，维护移民合法权益，保障工程建设的顺利进行，根据《中华人民共和国土地管理法》（以下简称《土地管理法》）和《水法》，国务院1991年颁布了《大中型水利水电工程建设征地补偿和移民安置条例》。《土地管理法》于1986年6月25日第六届全国人民代表大会常务委员会第十六次会议通过。1998年8月29日第九届全国人民代表大会常务委员会第四次会议通过对《土地管理法》第一次修正。根据2004年8月28日第十届全国人民代表大会常务委员会第十一次会议《关于修改〈中华人民共和国土地管理法〉的决定》，对《土地管理法》进行了第二次修正。《水法》2002年进行了修订。同时，1991年制定的《大中型水利水电工程建设征地补偿和移民安置条例》也暴露出补偿补助标准偏低、移民安置程序不够规范等问题，故需要作全面修订。2006年3月29日国务院第130次常务会议通过修订后的《大中型水利水电工程建设征地补偿和移民安置条例》（国务院令第471号）（以下简称《条例》），自2006年9月1日起施行。《条例》分为总则、移民安置规划、征地补偿、移民安置、后期扶持、监督管理、法律责任和附则等8章共63条。

《土地管理法》第51条规定："大中型水利、水电工程建设征收土地的补偿费标准和移民安置办法，由国务院另行规定。"《水法》第29条规定："国家对水工程建设移民实行开发性移民的方针，按照前期补偿、补助与后期扶持相结合的原则，妥善安排移民的生产和生活，保护移民的合法权益。移民安置应当与工程建设同步进行。建设单位应当根据安置地区的环境容量和可持续发展的原则，因地制宜，编制移民安置规划，经依法批准后，由有关地方人民政府组织实施。所需移民经费列入工程建设投资计划。"这为《条例》的制定提供了主要依据。

《条例》提出，国家实行开发性移民方针，采取前期补偿、补助与后期扶持相结合的办法，使移民生活达到或者超过原有水平。《条例》规定大中型水利水电工程建设征地补偿和移民安置应当遵循原则是：①以人为本，保障移民的合法权益，满足移民生存与发展的需求；②顾全大局，服从国家整体安排，兼顾国家、集体、个人利益；③节约利用土地，合理规划工程占地，控制移民规模；④可持续发展，与资源综合开发利用、生态环境保护相协调；⑤因地制宜，统筹规划。《条例》指出，移民安置工作实行政府领导、分级负责、县为基础、项目法人参与的管理体制。国务院水利水电工程移民行政管理机构（以下简称“国务院移民管理机构”）负责全国大中型水利水电工程移民安置工作的管理和监督。县级以上地方人民政府负责本行政区域内大中型水利水电工程移民安置工作的组织和领导；省、自治区、直辖市人民政府规定的移民管理机构，负责本行政区域内大中型水利水电工程移民安置工作的管理和监督。

《条例》第 16 条规定：“征地补偿和移民安置资金、依法应当缴纳的耕地占用税和耕地开垦费以及依照国务院有关规定缴纳的森林植被恢复费等应当列入大中型水利水电工程概算。征地补偿和移民安置资金包括土地补偿费、安置补助费，农村居民点迁建、城（集）镇迁建、工矿企业迁建以及专项设施迁建或者复建补偿费（含有关地上附着物补偿费），移民个人财产补偿费（含地上附着物和青苗补偿费）和搬迁费，库底清理费，淹没区文物保护费和国家规定的其他费用。”国家规定的其他费用包括勘测设计科研费、实施管理费、技术培训费等。

《条例》第 20 条规定：“依法批准的流域规划中确定的大中型水利水电工程建设项目的用地，应当纳入项目所在地的土地利用总体规划。大中型水利水电工程建设项目核准或者可行性研究报告批准后，项目用地应当列入土地利用年度计划。属于国家重点扶持的水利、能源基础设施的大中型水利水电工程建设项目，其用地可以以划拨方式取得。”

《条例》第 21 条规定：“大中型水利水电工程建设项目用地，应当依法申请并办理审批手续，实行一次报批、分期征收，按期支付征地补偿费。对于应急的防洪、治涝等工程，经有批准权的人民政府决定，可以先行使用土地，事后补办用地手续。”

《条例》第 22 条规定：“大中型水利水电工程建设征收耕地的，土地补偿费和安置补助费之和为该耕地被征收前三年平均年产值的 16 倍。土地补偿费和安置补助费不能使需要安置的移民保持原有生活水平、需要提高标准的，由项目法人或者项目主管部门报项目审批或者核准部门批准。

征收其他土地的土地补偿费和安置补助费标准，按照工程所在省、自治区、直辖市规定的标准执行。

被征收土地上的零星树木、青苗等补偿标准，按照工程所在省、自治区、直辖市规定的标准执行。

被征收土地上的附着建筑物按照其原规模、原标准或者恢复原功能的原则补偿；对补偿费用不足以修建基本用房的贫困移民，应当给予适当补助。

使用其他单位或者个人依法使用的国有耕地，参照征收耕地的补偿标准给予补偿；使用未确定给单位或者个人使用的国有未利用地，不予补偿。

移民远迁后，在水库周边淹没线以上属于移民个人所有的零星树木、房屋等应当分别依照本条第 3 款、第 4 款规定的标准给予补偿。”

《土地管理法》规定，征收耕地的补偿费用包括土地补偿费、安置补助费以及地上附着物和青苗的补偿费。征收耕地的土地补偿费，为该耕地被征收前三年平均年产值的6～10倍。征收耕地的安置补助费，按照需要安置的农业人口数计算。需要安置的农业人口数，按照被征收的耕地数量除以征地前被征收单位平均每人占有耕地的数量计算。每一个需要安置的农业人口的安置补助费标准，为该耕地被征收前三年平均年产值的4～6倍。但是，每公顷被征收耕地的安置补助费，最高不得超过被征收前三年平均年产值的15倍。征收其他土地的土地补偿费和安置补助费标准，由省、自治区、直辖市参照征收耕地的土地补偿费和安置补助费的标准规定。被征收土地上的附着物和青苗的补偿标准，由省、自治区、直辖市规定。征收城市郊区的菜地，用地单位应当按照国家有关规定缴纳新菜地开发建设基金。当土地补偿费和安置补助费尚不能使需要安置的农民保持原有生活水平的，经省、自治区、直辖市人民政府批准，可以增加安置补助费。但是，土地补偿费和安置补助费的总和不得超过土地被征收前三年平均年产值的30倍。

《条例》规定，大中型水利水电工程建设临时用地，由县级以上人民政府土地主管部门批准。工矿企业和交通、电力、电信、广播电视等专项设施以及中小学的迁建或者复建，应当按照其原规模、原标准或者恢复原功能的原则补偿。

### 2.4.2 移民安置建设工程的验收规定

为了做好移民安置工作，《条例》规定大中型水利水电工程应当编制移民安置规划大纲，按照审批权限报省、自治区、直辖市人民政府或者国务院移民管理机构审批；经批准的移民安置规划大纲是编制移民安置规划的基本依据，应当严格执行，不得随意调整或者修改；确需调整或者修改的，应当报原批准机关批准。移民安置规划大纲应当根据工程占地和淹没区实物调查结果以及移民区、移民安置区经济社会情况和资源环境承载能力编制。工程占地和淹没区实物调查应当全面准确，调查结果经调查者和被调查者签字认可并公示后，由有关地方人民政府签署意见。实物调查工作开始前，工程占地和淹没区所在地的省级人民政府应当发布通告，禁止在工程占地和淹没区新增建设项目和迁入人口，并对实物调查工作作出安排。《条例》规定，移民安置规划大纲应当主要包括移民安置的任务、去向、标准和农村移民生产安置方式以及移民生活水平评价和搬迁后生活水平预测、水库移民后期扶持政策、淹没线以上受影响范围的划定原则、移民安置规划编制原则等内容。移民安置规划应当对农村移民安置、城（集）镇迁建、工矿企业迁建、专项设施迁建或者复建、防护工程建设、水库水域开发利用、水库移民后期扶持措施、征地补偿和移民安置资金概（估）算等作出安排。对淹没线以上受影响范围内因水库蓄水造成的居民生产、生活困难问题，应当纳入移民安置规划，按照经济合理的原则，妥善处理。

为了保证移民安置工作顺利进行，《条例》规定移民区和移民安置区县级以上地方人民政府负责移民安置规划的组织实施。大中型水利水电工程开工前，项目法人应当根据经批准的移民安置规划，与移民区和移民安置区所在的省、自治区、直辖市人民政府或者市、县人民政府签订移民安置协议；签订协议的省、自治区、直辖市人民政府或者市人民政府，可以与下一级有移民或者移民安置任务的人民政府签订移民安置协议。项目法人应当根据大中型水利水电工程建设的要求和移民安置规划，在每年汛期结束后60日内，向与其签订移民安置协议的地方人民政府提出下年度移民安置计划建议；签订移民安置协议的地方人民政府，应当根据移民安置规划和项目法人的年度移民安置计划建议，在与项目法人充分协商的基础上，组织编制并下达本行政区域的下年度移民安置年度计划。

为了加强移民安置资金的管理和使用，针对不同的移民安置形式，《条例》规定了有关移民安置资金的兑付形式：

(1) 农村移民在本县通过新开发土地或者调剂土地集中安置的，县级人民政府应当将土地补偿费、安置补助费和集体财产补偿费直接全额兑付给该村集体经济组织或者村民委员会。

(2) 农村移民分散安置到本县内其他村集体经济组织或者村民委员会的，应当由移民安置村集体经济组织或者村民委员会与县级人民政府签订协议，按照协议安排移民的生产和生活。

(3) 农村移民在本省行政区域内其他县安置的，与项目法人签订移民安置协议的地方人民政府，应当及时将相应的征地补偿和移民安置资金交给移民安置区县级人民政府，用于安排移民的生产和生活。农村移民跨省安置的，项目法人应当及时将相应的征地补偿和移民安置资金交给移民安置区省、自治区、直辖市人民政府，用于安排移民的生产和生活。

(4) 搬迁费以及移民个人房屋和附属建筑物、个人所有的零星树木、青苗、农副业设施等个人财产补偿费，由移民区县级人民政府直接全额兑付给移民。

(5) 移民自愿投亲靠友的，应当由本人向移民区县级人民政府提出申请，并提交接收地县级人民政府出具的接收证明。移民区县级人民政府确认其具有土地等农业生产资料后，应当与接收地县级人民政府和移民共同签订协议，将土地补偿费、安置补助费交给接收地县级人民政府，统筹安排移民的生产和生活，将个人财产补偿费和搬迁费发给移民个人。

《条例》同时规定，城（集）镇迁建、工矿企业迁建、专项设施迁建或者复建补偿费，由移民区县级以上地方人民政府交给当地人民政府或者有关单位。因扩大规模、提高标准增加的费用，由有关地方人民政府或者有关单位自行解决。

为了加强移民安置工作以及建设工程的监督管理和验收，《条例》第 37 条规定："移民安置达到阶段性目标和移民安置工作完毕后，省、自治区、直辖市人民政府或者国务院移民管理机构应当组织有关单位进行验收；移民安置未经验收或者验收不合格的，不得对大中型水利水电工程进行阶段性验收和竣工验收。"《条例》提出国家对移民安置实行全过程监督评估。签订移民安置协议的地方人民政府和项目法人应当采取招标的方式，共同委托有移民安置监督评估专业技术能力的单位对移民搬迁进度、移民安置质量、移民资金的拨付和使用情况以及移民生活水平的恢复情况进行监督评估；被委托方应当将监督评估的情况及时向委托方报告。从事移民安置规划编制和移民安置监督评估的专业技术人员，应当通过国家考试，取得相应的资格。

《条例》第 57 条规定："违反本条例规定，有关地方人民政府、移民管理机构、项目审批部门及其他有关部门有下列行为之一的，对直接负责的主管人员和其他直接责任人员依法给予行政处分；造成严重后果，有关责任人员构成犯罪的，依法追究刑事责任：

（一）违反规定批准移民安置规划大纲、移民安置规划或者水库移民后期扶持规划的；

（二）违反规定批准或者核准未编制移民安置规划或者移民安置规划未经审核的大中型水利水电工程建设项目的；

（三）移民安置未经验收或者验收不合格而对大中型水利水电工程进行阶段性验收或者竣工验收的；

（四）未编制水库移民后期扶持规划，有关单位拨付水库移民后期扶持资金的；

（五）移民安置管理、监督和组织实施过程中发现违法行为不予查处的；

（六）在移民安置过程中发现问题不及时处理，造成严重后果以及有其他滥用职权、玩忽职守等违法行为的。”

《条例》第58条规定：“违反本条例规定，项目主管部门或者有关地方人民政府及其有关部门调整或者修改移民安置规划大纲、移民安置规划或者水库移民后期扶持规划的，由批准该规划大纲、规划的有关人民政府或者其有关部门、机构责令改正，对直接负责的主管人员和其他直接责任人员依法给予行政处分；造成重大损失，有关责任人员构成犯罪的，依法追究刑事责任。

违反本条例规定，项目法人调整或者修改移民安置规划大纲、移民安置规划的，由批准该规划大纲、规划的有关人民政府或者其有关部门、机构责令改正，处10万元以上50万元以下的罚款；对直接负责的主管人员和其他直接责任人员处1万元以上5万元以下的罚款；造成重大损失，有关责任人员构成犯罪的，依法追究刑事责任。”

《条例》第59条规定：“违反本条例规定，在编制移民安置规划大纲、移民安置规划、水库移民后期扶持规划，或者进行实物调查、移民安置监督评估中弄虚作假的，由批准该规划大纲、规划的有关人民政府或者其有关部门、机构责令改正，对有关单位处10万元以上50万元以下的罚款；对直接负责的主管人员和其他直接责任人员处1万元以上5万元以下的罚款；给他人造成损失的，依法承担赔偿责任。”

《条例》第61条规定：“违反本条例规定，拖延搬迁或者拒迁的，当地人民政府或者其移民管理机构可以申请人民法院强制执行；违反治安管理法律、法规的，依法给予治安管理处罚；构成犯罪的，依法追究有关责任人员的刑事责任。”

## 2.5 《水利工程建设项目招标投标审计办法》(2007年12月水利部印发)

### 2.5.1 招标投标审计目的

《中华人民共和国审计法》（以下简称《审计法》）规定，为了加强国家的审计监督，维护国家财政经济秩序，促进廉政建设，保障国民经济健康发展，国家实行审计监督制度。国务院和县级以上地方人民政府设立审计机关。《中华人民共和国审计法实施条例》（国务院令第571号，2010年5月1日施行）指出，审计是指审计机关依法独立检查被审计单位的会计凭证、会计账簿、会计报告以及其他与财政收支、财务收支有关的资料和资产，监督财政收支、财务收支真实、合法和效益的行为。

《审计法》第29条规定：“依法属于审计机关审计监督对象的单位，应当按照国家有关规定建立健全内部审计制度，其内部审计工作应当接受审计机关的业务指导和监督。”

《审计法》第22条规定：“审计机关对政府投资和以政府投资为主的建设项目的预算执行情况和决算，进行审计监督。”接受审计监督的国家建设项目，是指以国有资产投资或者融资为主的基本建设项目和技术改造项目。与国家建设项目直接有关的建设、设计、施工、采购等单位的财务收支，应当接受审计机关的审计监督。审计机关对国家建设项目总预算或者概算的执行情况、年度预算的执行情况和年度决算、项目竣工决算，依法进行审计监督。

《中华人民共和国招标投标法》（以下简称《招标投标法》）第 7 条规定："招标投标活动及其当事人应当接受依法实施的监督。有关行政监督部门依法对招标投标活动实施监督，依法查处招标投标活动中的违法行为。"

《中华人民共和国政府采购法》（以下简称《政府采购法》）第 13 条规定："各级人民政府财政部门是负责政府采购监督管理的部门，依法履行对政府采购活动的监督管理职责。各级人民政府其他有关部门依法履行与政府采购活动有关的监督管理职责。"

《政府采购法》第 59 条规定："政府采购监督管理部门应当加强对政府采购活动及集中采购机构的监督检查。监督检查的主要内容是：

（一）有关政府采购的法律、行政法规和规章的执行情况；

（二）采购范围、采购方式和采购程序的执行情况；

（三）政府采购人员的职业素质和专业技能。"

《政府采购法》第 68 条："审计机关应当对政府采购进行审计监督。政府采购监督管理部门、政府采购各当事人有关政府采购活动，应当接受审计机关的审计监督。"

为了加强对水利工程建设项目招标投标的审计监督，规范水利工程建设项目招标投标行为，提高投资效益，根据《审计法》、《招标投标法》、《政府采购法》等法律、法规，结合水利工作实际，2007 年 12 月水利部印发了《水利工程建设项目招标投标审计办法》，该办法规定，各级水利审计部门在本单位负责人领导下，依法对本单位及其所属单位水利工程建设项目的招标投标活动进行审计监督。上级水利审计部门对下级单位的招标投标审计工作进行指导和监督。审计项目是指《水利工程建设项目招标投标管理规定》所规定的水利工程建设项目的勘察设计、施工、监理以及与水利工程建设项目有关的重要设备、材料采购等的招标投标。

### 2.5.2 招标投标审计方式与内容

《水利工程建设项目招标投标审计办法》规定，审计部门根据工作需要，对水利工程建设项目的招标投标进行事前、事中、事后的审计监督，对重点水利建设项目的招标投标进行全过程跟踪审计，对有关招标投标的重要事项进行专项审计或审计调查。

《水利工程建设项目招标投标审计办法》规定，在招标投标审计中，审计部门具有以下职责：

（1）对招标人、招标代理机构及有关人员执行招标投标有关法律、法规和行业制度的情况进行审计监督。

（2）对招标项目评标委员会成员执行招标投标有关法律、法规和行业制度的情况进行审计监督。

（3）对属于审计监督对象的投标人及有关人员遵守招标投标有关法律、法规和行业制度的情况进行审计监督。

（4）对与招标投标项目有关的投资管理和资金运行情况进行审计监督。

（5）协同行政监督部门、行政监察部门查处招标投标中的违法违纪行为。

《水利工程建设项目招标投标审计办法》规定，在招标投标审计中，审计部门具有以下权限：

（1）有权参加招标人或其代理机构组织的开标、评标、定标等活动，招标人或其代理机构应当通知同级审计部门参加。

（2）有权要求招标人或其代理机构提供与招标投标活动有关的文件、资料，招标人或其代理机构应当按照审计部门的要求提供相关文件、资料。

（3）对招标人或其代理机构正在进行的违反国家法律、法规规定的招标投标行为，有权予以纠正或制止。

（4）有权向招标人、投标人、招标代理机构等调查了解与招标投标有关的情况。

（5）监督检查招标投标结果执行情况。

《水利工程建设项目招标投标审计办法》规定，审计部门对水利工程建设项目招标投标中的下列事项进行审计监督：

（1）招标项目前期工作是否符合水利工程建设项目管理规定，是否履行规定的审批程序。

（2）招标项目资金计划是否落实，资金来源是否符合规定。

（3）招标文件确定的水利工程建设项目的标准、建设内容和投资是否符合批准的设计文件。

（4）与招标投标有关的取费是否符合规定。

（5）招标人与中标人是否签订书面合同，所签合同是否真实、合法。

（6）与水利工程建设项目招标投标有关的其他经济事项。

审计部门会同行政监督部门、行政监察部门对招标投标中的下列事项进行审计监督：

（1）招标项目的招标方式、招标范围是否符合规定。

（2）招标人是否符合规定的招标条件，招标代理机构是否具有相应资质，招标代理合同是否真实、合法。

（3）招标项目的招标、投标、开标、评标和中标程序是否合法。

（4）招标项目评标委员会、评标专家的产生及人员组成、评标标准和评标方法是否符合规定。

（5）对招投标过程中泄露保密资料、泄露标底、串通招标、串通投标、规避招标、歧视排斥投标等违法行为进行审计监督。

（6）对勘察、设计、施工单位转包、违法分包和监理单位违法转让监理业务，以及无证或借用资质承接工程业务等违法违规行为进行审计监督。

《水利工程建设项目招标投标审计办法》规定，审计部门根据审计项目计划确定的审计事项组成审计组，并应在实施审计 3 日前，向被审计单位送达审计通知书。被审计单位以及与招标投标活动有关的单位、部门，应当配合审计部门的工作，并提供必要的工作条件。审计人员通过审查招标投标文件、合同、会计资料，以及向有关单位和个人进行调查等方式实施审计，并取得证明材料。

审计组对招标投标事项实施审计后，应当向派出的审计部门提出审计报告。审计报告应当征求被审计单位的意见。被审计单位应当自接到审计报告之日起 10 日内，将其书面意见送交审计组或者审计部门。审计部门审定审计报告，对审计事项作出评价，出具审计意见书；对违反国家规定的招标投标行为，需要依法给予处理、处罚的，在职权范围内作出审计决定或者向有关主管部门提出处理、处罚意见。被审计单位应当执行审计决定并将结果反馈审计部门；有关主管部门对审计部门提出的处理、处罚意见应及时进行研究，并将结果反馈审计部门。

## 2.6 《水利水电工程施工质量检验与评定规程》SL 176—2007

### 2.6.1 项目划分与质量术语

按照《水利技术标准编写规定》SL 1—2002，水利部组织有关单位对《水利水电工程施工质量评定规程（试行）》SL 176—1996 进行修订，修订后更名为《水利水电工程施工质量检验与评定规程》SL 176—2007（以下简称新规程），自 2007 年 10 月 14 日实施。《水利水电工程施工质量检验与评定规程》SL 176—2007 共 5 章，11 节，81 条，7 个附录。

#### 2.6.1.1 新规程增补和调整的主要内容

（1）扩大了本规程适用范围。

（2）修订了质量术语、增加了新的术语。

（3）修订了项目划分原则及项目划分程序，新增引水工程、除险加固工程项目划分原则。纳入了《堤防工程施工质量评定与验收规程（试行）》SL239—1999 的有关条款。

（4）增加了见证取样条款。

（5）增加了检验不合格的处理条款及水利水电工程中涉及其他行业的建筑物施工质量检验评定办法的条款。

（6）增加了委托水利行业质量检测机构抽样检测的条款。

（7）修订了质量事故检查的条款。

（8）增加了工程质量缺陷备案条款。

（9）增加了砂浆、砌筑用混凝土强度检验评定标准。

（10）修订了质量评定标准。

（11）修订了质量评定工作的组织与管理。

（12）增加了附录 A 水利水电工程外观质量评定办法，附录 B 水利水电工程施工质量缺陷备案表格式，附录 C 普通混凝土试块试验数据统计方法，附录 D 喷射混凝土抗压强度检验评定标准，附录 E 砂浆、砌筑用混凝土强度检验评定标准，附录 F 重要隐蔽单元工程（关键部位单元工程）质量等级签证表。附录 G 水利水电工程项目施工质量评定表。

（13）将原规程附录 A 水利水电枢纽工程项目划分表、附录 B 渠道及堤防工程项目划分表修订补充后列入条文 3.1.1 说明中，作为项目划分示例。

（14）删去原规程附录 C 水利水电工程质量评定报告格式。

（15）在附录后加入了“标准用词说明”。

#### 2.6.1.2 新规程有关项目的名称与划分原则

（1）水利水电工程质量检验与评定应当进行项目划分。项目按级划分为单位工程、分部工程、单元（工序）工程等三级。

（2）水利水电工程项目划分应结合工程结构特点、施工部署及施工合同要求进行，划分结果应有利于保证施工质量以及施工质量管理。

（3）单位工程项目划分原则：

1）枢纽工程，一般以每座独立的建筑物为一个单位工程。当工程规模大时，可将一个建筑物中具有独立施工条件的一部分划分为一个单位工程。

2）堤防工程，按招标标段或工程结构划分单位工程。可将规模较大的交叉联结建筑物及管理设施以每座独立的建筑物划分为一个单位工程。

3）引水（渠道）工程，按招标标段或工程结构划分单位工程。可将大、中型（渠道）建筑物以每座独立的建筑物划分为一个单位工程。

4）除险加固工程，按招标标段或加固内容，并结合工程量划分单位工程。

（4）分部工程项目划分原则：

1）枢纽工程，土建部分按设计的主要组成部分划分；金属结构及启闭机安装工程和机电设备安装工程按组合功能划分。

2）堤防工程，按长度或功能划分。

3）引水（渠道）工程中的河（渠）道按施工部署或长度划分。大、中型建筑物按工程结构主要组成部分划分。

4）除险加固工程，按加固内容或部位划分。

5）同一单位工程中，各个分部工程的工程量（或投资）不宜相差太大，每个单位工程中的分部工程数目，不宜少于5个。

（5）单元工程项目划分原则：

1）按《水利建设工程单元工程施工质量验收评定标准》（以下简称《单元工程评定标准》）规定进行划分。

2）河（渠）道开挖、填筑及衬砌单元工程划分界限宜设在变形缝或结构缝处，长度一般不大于100m。同一分部工程中各单元工程的工程量（或投资）不宜相差太大。

3）《单元工程评定标准》中未涉及的单元工程可依据工程结构、施工部署或质量考核要求，按层、块、段进行划分。

#### 2.6.1.3 新规程有关项目划分程序

（1）由项目法人组织监理、设计及施工等单位进行工程项目划分，并确定主要单位工程、主要分部工程、重要隐蔽单元工程和关键部位单元工程。项目法人在主体工程开工前将项目划分表及说明书面报相应工程质量监督机构确认。

（2）工程质量监督机构收到项目划分书面报告后，应当在14个工作日内对项目划分进行确认并将确认结果书面通知项目法人。

（3）工程实施过程中，需对单位工程、主要分部工程、重要隐蔽单元工程和关键部位单元工程的项目划分进行调整时，项目法人应重新报送工程质量监督机构确认。

#### 2.6.1.4 新规程修订和补充的有关质量术语

（1）水利水电工程质量（quality of hydraulic and hydroelectric engineering）。工程满

足国家和水利行业相关标准及合同约定要求的程度，在安全性、使用功能、适用性、外观及环境保护等方面的特性总和。

（2）质量检验（quality inspection）。通过检查、量测、试验等方法，对工程质量特性进行的符合性评价。

（3）质量评定（quality assessment）。将质量检验结果与国家和行业技术标准以及合同约定的质量标准所进行的比较活动。

（4）单位工程（unit project）。指具有独立发挥作用或独立施工条件的建筑物。

（5）分部工程（separated part project）。指在一个建筑物内能组合发挥一种功能的建筑安装工程，是组成单位工程的部分。对单位工程安全性、使用功能或效益起决定性作用的分部工程称为主要分部工程。

（6）单元工程（separated item project）。指在分部工程中由几个工序（或工种）施工完成的最小综合体，是日常质量考核的基本单位。

（7）关键部位单元工程（separated item project of critical position）。指对工程安全性、或效益、或使用功能有显著影响的单元工程。

（8）重要隐蔽单元工程（separated item project of crucial concealment）。指主要建筑物的地基开挖、地下洞室开挖、地基防渗、加固处理和排水等隐蔽工程中，对工程安全或使用功能有严重影响的单元工程。

（9）主要建筑物及主要单位工程（main structure & main unit project ）。主要建筑物，指其失事后将造成下游灾害或严重影响工程效益的建筑物，如堤坝、泄洪建筑物、输水建筑物、电站厂房及泵站等。属于主要建筑物的单位工程称为主要单位工程。

（10）中间产品（intermediate product）。指工程施工中使用的砂石骨料、石料、混凝土拌和物、砂浆拌和物、混凝土预制构件等土建类工程的成品及半成品。

（11）见证取样（evidential testing）。在监理单位或项目法人监督下，由施工单位有关人员现场取样，并送到具有相应资质等级的工程质量检测机构所进行的检测。

（12）外观质量（quality of appearance）。通过检查和必要的量测所反映的工程外表质量。

（13）质量事故（accident due to poor quality）。在水利水电工程建设过程中，由于建设管理、监理、勘测、设计、咨询、施工、材料、设备等原因造成工程质量不符合国家和行业相关标准以及合同约定的质量标准，影响工程使用寿命和对工程安全运行造成隐患和危害的事件。

（14）质量缺陷（defect of constructional quality）。指对工程质量有影响，但小于一般质量事故的质量问题。

### 2.6.2　施工质量检验

#### 2.6.2.1　新规程有关施工质量检验的主要规定

（1）承担工程检测业务的检测机构应具有水行政主管部门颁发的资质证书。

（2）工程施工质量检验中使用的计量器具、试验仪器仪表及设备应定期进行检定，并具备有效的检定证书。国家规定需强制检定的计量器具应经县级以上计量行政部门认定的计量检定机构或其授权设置的计量检定机构进行检定。

(3) 检测人员应熟悉检测业务，了解被检测对象性质和所用仪器设备性能，经考核合格后，持证上岗。参与中间产品及混凝土（砂浆）试件质量资料复核的人员应具有工程师以上工程系列技术职称，并从事过相关试验工作。

(4) 工程质量检验项目和数量应符合《单元工程评定标准》规定。工程质量检验方法，应符合《单元工程评定标准》和国家及行业现行技术标准的有关规定。

(5) 工程项目中如遇《单元工程评定标准》中尚未涉及的项目质量评定标准时，其质量标准及评定表格，由项目法人组织监理、设计及施工单位按水利部有关规定进行编制和报批。

(6) 工程中永久性房屋、专用公路、专用铁路等项目的施工质量检验与评定可按相应行业标准执行。

(7) 项目法人、监理、设计、施工和工程质量监督等单位（机构）根据工程建设需要，可委托具有相应资质等级的水利工程质量检测机构进行工程质量检测。施工单位自检性质的委托检测项目及数量，按《单元工程评定标准》及施工合同约定执行。对已建工程质量有重大分歧时，由项目法人委托第三方具有相应资质等级的质量检测机构进行检测，检测数量视需要确定，检测费用由责任方承担。

(8) 对涉及工程结构安全的试块、试件及有关材料，应实行见证取样。见证取样资料由施工单位制备，记录应真实齐全，参与见证取样人员应在相关文件上签字。

(9) 工程中出现检验不合格的项目时，按以下规定进行处理：

1) 原材料、中间产品一次抽样检验不合格时，应及时对同一取样批次另取两倍数量进行检验，如仍不合格，则该批次原材料或中间产品应当定为不合格，不得使用。

2) 单元（工序）工程质量不合格时，应按合同要求进行处理或返工重作，并经重新检验且合格后方可进行后续工程施工。

3) 混凝土（砂浆）试件抽样检验不合格时，应委托具有相应资质等级的质量检测机构对相应工程部位进行检验。如仍不合格，由项目法人组织有关单位进行研究，并提出处理意见。

4) 工程完工后的质量抽检不合格，或其他检验不合格的工程，应按有关规定进行处理，合格后才能进行验收或后续工程施工。

#### 2.6.2.2 新规程对施工过程中参建单位的质量检验职责的主要规定

(1) 施工单位应当依据工程设计要求、施工技术标准和合同约定，结合《单元工程评定标准》的规定确定检验项目及数量并进行自检，自检过程应当有书面记录，同时结合自检情况如实填写《水利水电工程施工质量评定表》。

(2) 监理单位应根据《单元工程评定标准》和抽样检测结果复核工程质量。其平行检测和跟踪检测的数量按《监理规范》或合同约定执行。

(3) 项目法人应对施工单位自检和监理单位抽检过程进行督促检查，对报工程质量监督机构核备、核定的工程质量等级进行认定。

(4) 工程质量监督机构应对项目法人、监理、勘测、设计、施工单位以及工程其他参建单位的质量行为和工程实物质量进行监督检查。检查结果应当按有关规定及时公布，并书面通知有关单位。

(5) 临时工程质量检验及评定标准，由项目法人组织监理、设计及施工等单位根据工程特点，参照《单元工程评定标准》和其他相关标准确定，并报相应的工程质量监督机构核备。

(6) 质量检验包括施工准备检查，原材料与中间产品质量检验，水工金属结构、启闭机及机电产品质量检查，单元（工序）工程质量检验，质量事故检查和质量缺陷备案，工程外观质量检验等。

(7) 质量缺陷备案表由监理单位组织填写，内容应真实、全面、完整。各工程参建单位代表应在质量缺陷备案表上签字，若有不同意见应明确记载。质量缺陷备案表应及时报工程质量监督机构备案。质量缺陷备案资料按竣工验收的标准制备。工程竣工验收时，项目法人应向竣工验收委员会汇报并提交历次质量缺陷备案资料。

### 2.6.3 施工质量评定

新规程规定水利水电工程施工质量等级分为“合格”、“优良”两级。合格等级是工程验收标准。优良等级是为工程项目质量创优而设置。

#### 2.6.3.1 水利水电工程施工质量等级评定的主要依据

(1) 国家及相关行业技术标准。

(2)《单元工程评定标准》。

(3) 经批准的设计文件、施工图纸、金属结构设计图样与技术条件、设计修改通知书、厂家提供的设备安装说明书及有关技术文件。

(4) 工程承发包合同中约定的技术标准。

(5) 工程施工期及试运行期的试验和观测分析成果。

#### 2.6.3.2 新规程有关施工质量合格标准

(1) 单元（工序）工程施工质量合格标准：

1) 单元（工序）工程施工质量评定标准按照《单元工程评定标准》或合同约定的合格标准执行。

2) 单元（工序）工程质量达不到合格标准时，应及时处理。处理后的质量等级按下列规定重新确定：

a. 全部返工重做的，可重新评定质量等级。

b. 经加固补强并经设计和监理单位鉴定能达到设计要求时，其质量评为合格。

c. 处理后的工程部分质量指标仍达不到设计要求时，经设计复核，项目法人及监理单位确认能满足安全和使用功能要求，可不再进行处理；或经加固补强后，改变了外形尺寸或造成工程永久性缺陷的，经项目法人、监理及设计单位确认能基本满足设计要求，其质量可定为合格，但应按规定进行质量缺陷备案。

(2) 分部工程施工质量合格标准：

1）所含单元工程的质量全部合格。质量事故及质量缺陷已按要求处理，并经检验合格。

2）原材料、中间产品及混凝土（砂浆）试件质量全部合格，金属结构及启闭机制造质量合格，机电产品质量合格。

（3）单位工程施工质量合格标准：

1）所含分部工程质量全部合格。

2）质量事故已按要求进行处理。

3）工程外观质量得分率达到70%（含70%，下同）以上。

4）单位工程施工质量检验与评定资料基本齐全。

5）工程施工期及试运行期，单位工程观测资料分析结果符合国家和行业技术标准以及合同约定的标准要求。

（4）工程项目施工质量合格标准：

1）单位工程质量全部合格。

2）工程施工期及试运行期，各单位工程观测资料分析结果均符合国家和行业技术标准以及合同约定的标准要求。

#### 2.6.3.3 新规程有关施工质量优良标准

（1）单元工程施工质量优良标准按照《单元工程评定标准》以及合同约定的优良标准执行。全部返工重做的单元工程，经检验达到优良标准时，可评为优良等级。

（2）分部工程施工质量优良标准：

1）所含单元工程质量全部合格，其中70%以上达到优良等级，主要单元工程以及重要隐蔽单元工程（关键部位单元工程）质量优良率达90%以上，且未发生过质量事故。

2）中间产品质量全部合格，混凝土（砂浆）试件质量达到优良等级（当试件组数小于30时，试件质量合格）。原材料质量、金属结构及启闭机制造质量合格，机电产品质量合格。

（3）单位工程施工质量优良标准：

1）所含分部工程质量全部合格，其中70%以上达到优良等级，主要分部工程质量全部优良，且施工中未发生过较大质量事故。

2）质量事故已按要求进行处理。

3）外观质量得分率达到85%以上。

4）单位工程施工质量检验与评定资料齐全。

5）工程施工期及试运行期，单位工程观测资料分析结果符合国家和行业技术标准以及合同约定的标准要求。

（4）工程项目施工质量优良标准：

1）单位工程质量全部合格，其中70%以上单位工程质量达到优良等级，且主要单位工程质量全部优良。

2）工程施工期及试运行期，各单位工程观测资料分析结果均符合国家和行业技术标准以及合同约定的标准要求。

#### 2.6.3.4 新规程有关施工质量评定工作的组织要求

（1）单元（工序）工程质量在施工单位自评合格后，报监理单位复核，由监理工程师核定质量等级并签证认可。

（2）重要隐蔽单元工程及关键部位单元工程质量经施工单位自评合格、监理单位抽检后，由项目法人（或委托监理）、监理、设计、施工、工程运行管理（施工阶段已经有时）等单位组成联合小组，共同检查核定其质量等级并填写签证表，报工程质量监督机构核备。

（3）分部工程质量，在施工单位自评合格后，报监理单位复核，项目法人认定。分部工程验收的质量结论由项目法人报质量监督机构核备。大型枢纽工程主要建筑物的分部工程验收的质量结论由项目法人报工程质量监督机构核定。

（4）单位工程质量，在施工单位自评合格后，由监理单位复核，项目法人认定。单位工程验收的质量结论由项目法人报质量监督机构核定。

（5）工程外观质量评定。单位工程完工后，项目法人组织监理、设计、施工及工程运行管理等单位组成工程外观质量评定组，进行工程外观质量检验评定并将评定结论报工程质量监督机构核定。参加工程外观质量评定的人员应具有工程师以上技术职称或相应执业资格。评定组人数应不少于5人，大型工程宜不少于7人。

（6）工程项目质量，在单位工程质量评定合格后，由监理单位进行统计并评定工程项目质量等级，经项目法人认定后，报质量监督机构核定。

（7）阶段验收前，质量监督机构应提交工程质量评价意见。

（8）工程质量监督机构应按有关规定在工程竣工验收前提交工程质量监督报告，工程质量监督报告应当有工程质量是否合格的明确结论。

## 2.7 《水利工程建设项目验收管理规定》（水利部令第30号）

### 2.7.1 验收管理规定实施的意义

水利部于2006年12月18日颁发《水利工程建设项目验收管理规定》（水利部令第30号），该规定自2007年4月1日起施行。

根据国家和行业有关规定，水利工程建设程序分为项目建议书、可行性研究报告、初步设计、施工准备、建设实施、生产准备、竣工验收、后评价八个阶段，国务院办公厅《关于加强基础设施工程质量管理的通知》（国发办［1999］16号）中指出工程建设项目管理“必须实行竣工验收制度。项目建成后必须按国家有关规定进行严格的竣工验收，由验收人员签字负责。项目竣工验收合格后，方可投入使用。”竣工验收是工程建设中不可缺少的一个重要环节。

有关水利工程建设项目的竣工验收工作，过去一直执行的是行业技术标准《水利水电建设工程验收规程》SL 223—1999，但缺少行业管理具体的规章。《水利工程建设项目验收管理规定》（以下简称《验收管理规定》）是水利行业第一部针对验收工作的具体管理规章，该规定的颁布和实施，是完善水利工程建设管理方面制度的一项重要举措，标志着水利工程项目建设过程中的验收工作以及竣工验收管理工作进一步走向规范化、制度化，将有力推动水利工程建设管理各方面管理水平的提高。

《验收管理规定》的颁布和实施，为一系列围绕工程项目验收所需要的规章制度（如工程建设的技术鉴定、质量检测、优质工程评定、质量监督管理等）和技术标准（如验收规程、质量检验与评定规程、单元工程施工质量评定标准等）的修订提供了重要的依据。

### 2.7.2 验收管理规定的主要特点

（1）对比现行有关水利工程建设项目验收方面的规定和技术标准，《水利工程建设验收管理规定》的主要特点如下：

1）强调依据职责和责任划分工程验收的类别，将工程验收分为政府验收和法人验收。改变了以验收时工程是否投入使用作为划分工程验收类别的方法。明确法人验收是指在项目建设过程中由项目法人组织进行的验收。法人验收是政府验收的基础。政府验收是指由有关人民政府、水行政主管部门或者其他有关部门组织进行的验收，包括专项验收、阶段验收和竣工验收。

2）工程项目验收的依据在保持以往规定不变的基础上，增加和进一步明确了施工合同是验收工作的重要依据，强化工程参建单位的合同意识。

3）在验收工作中进一步落实水利工程建设项目法人责任制，强调项目法人以及其他参建单位应当提交真实、完整的验收资料，并对提交的资料负责。

4）加强对项目法人等参建单位工程建设过程中验收工作的监督管理，提出对法人验收进行监督管理，明确由水行政主管部门或者流域管理机构组建项目法人的，该水行政主管部门或者流域管理机构是本项目的法人验收监督管理机关；由地方人民政府组建项目法人的，本级地方人民政府水行政主管部门是本项目的法人验收监督管理机关。

5）针对水利工程建设项目的复杂性以及招标投标和合同管理等需要，除验收管理规定已经给出的验收工作种类外，明确项目法人可以根据工程建设的需要增设法人验收的环节。给项目法人的项目管理创造了更大的管理空间。

6）将验收工作纳入工程建设计划进度管理的一部分，要求项目法人在开工报告批准后60个工作日内，制定法人验收工作计划，报法人验收监督管理机关和竣工验收主持单位备案。

7）改变了工程质量监督机构对于工程质量评定的监督方式，除单位工程以及大型枢纽主要建筑物的分部工程验收的质量结论应当报该项目的质量监督机构核定外，其余改为核备，进一步强化了工程参建单位的质量责任。

8）解决了水利工程建设中施工合同双方关于工程保修期计算起止日期不清问题，明确工程保修期从通过单项合同工程完工验收之日算起，保修期限按合同约定执行。

9）进一步明确竣工验收的时间，将项目竣工验收的时间由全部工程完建后3个月内进行，改为竣工验收应当在工程建设项目全部完成并满足一定运行条件后1年内进行，进一步保证竣工验收工作的质量，防止竣工验收时验收遗留问题太多。

10）提出竣工验收原则上按照经批准的初步设计所确定的标准和内容进行，既进一步强调项目法人在工程建设时应当以批准的初步设计为依据，又明确了工程验收的范围，防止工程竣工验收时由于参加验收的人员所代表的单位不同，可能在验收标准和范围上引起歧义，影响竣工验收工作的正常进行。

11）用竣工技术预验收取代验收责任不明确的竣工初步验收，规范和强化技术专家在竣工验收工作的技术把关作用，进一步提高竣工验收工作的质量，把好竣工验收关。

12）进一步发挥第三方在工程建设中的作用，提出大型水利工程在竣工技术预验收前，项目法人应当按照有关规定对工程建设情况进行竣工验收技术鉴定。中型水利工程在竣工技术预验收前，竣工验收主持单位可以根据需要决定是否进行竣工验收技术鉴定。

13）进一步明确对工程建设中专项工程和工作的专项验收，提出专项验收成果文件是阶段验收以及竣工验收成果文件的组成部分，通过专项验收是阶段验收和竣工验收应具备的条件之一。

14）落实验收遗留问题的处理责任单位，规范和完善验收遗留问题的处理程序，提出项目法人和其他有关单位应当按照竣工验收鉴定书的要求妥善处理竣工验收遗留问题和完成尾工。强调验收遗留问题处理完毕以及尾工完成并通过验收后，项目法人应当将处理情况和验收成果报送竣工验收主持单位。

15）闭合管理环节，提出工程通过竣工验收以及验收遗留问题处理完毕和尾工完成并通过验收时，竣工验收主持单位向项目法人颁发工程竣工证书。工程竣工验收后颁发工程竣工证书，也同时进一步规范了政府对水利工程建设项目管理以及工程参建单位业绩证明。

16）对于验收工作中存在的不规范以及违法违规行为，明确了相应的处罚。

(2)《验收管理规定》是一项全新的管理规章，在工程建设实施过程中，应当注意以下问题：

1）根据国家有关投资体制改革的决定和行政管理的有关规定，验收管理规定的适用范围是中央或者地方财政全部投资或者部分投资建设的大中型水利工程建设项目（含1、2、3级堤防工程）的验收活动，不是习惯上笼统的大中型水利工程建设项目。

2）工程验收可以通过也可以不通过，强调验收委员会（验收工作组）对工程验收不予通过的，应当明确不予通过的理由并提出整改意见。有关单位应当及时组织处理有关问题，完成整改，并按照程序重新申请验收。

3）明确法人验收由项目法人主持。验收工作组由项目法人、设计、施工、监理等单位的代表组成，必要时可以邀请工程运行管理单位等参建单位以外的代表及专家参加。项目法人可以委托监理单位主持分部工程验收，有关委托权限应当在监理合同或者委托书中明确。除分部工程验收外，其余的法人验收应当由项目法人负责主持并承担责任。

4）有关部门在批准开工报告时，同时明确竣工验收主持单位，不是以往在申请竣工验收时才明确竣工验收主持单位。

5）为提高工作效率，经商有关部门同意，专项验收可以与竣工验收一并进行。

6）将工程运行管理单位调整进竣工验收委员会组成单位，不再是竣工验收的被验收单位，有利于工程运行管理单位职责的明确和落实。

7）明确水利工程建设项目验收应当具备的条件、验收程序、验收主要工作以及有关验收资料和成果性文件等具体要求，按照有关验收规程执行。也就是说，验收管理规定主要解决验收时应当做什么工作，至于相关工作怎么做，则需要根据有关验收技术标准，如《水利水电建设工程验收规程》、《水利水电工程施工质量检验与评定规程》等。

### 2.7.3 验收分类与程序

(1) 水利工程建设项目主持单位的分类。水利工程建设项目验收，按验收主持单位性质不同分为法人验收和政府验收两类。

法人验收是指在项目建设过程中由项目法人组织进行的验收。法人验收是政府验收的基础。

政府验收是指由有关人民政府、水行政主管部门或者其他有关部门组织进行的验收，包括专项验收、阶段验收和竣工验收等。

(2) 水利工程建设项目验收的依据：

1) 国家有关法律、法规、规章和技术标准。

2) 有关主管部门的规定。

3) 经批准的工程立项文件、初步设计文件、调整概算文件。

4) 经批准的设计文件及相应的工程变更文件。

5) 施工图纸及主要设备技术说明书等。

6) 法人验收还应当以施工合同为验收依据。

(3) 法人验收包括分部工程、单位工程、单项合同工程验收等环节。项目法人可以根据工程建设的需要增设法人验收的环节。

(4) 法人验收由项目法人主持。由项目法人、设计、施工、监理等单位的代表组成验收工作组负责；必要时可以邀请工程运行管理单位等参建单位以外的代表及专家参加验收工作组。项目法人可以委托监理单位主持分部工程验收，有关委托权限应当在监理合同或者委托书中明确。

(5) 分部工程验收的质量结论应当报该项目的质量监督机构核备；未经核备的，项目法人不得组织下一阶段的验收。单位工程以及大型枢纽主要建筑物的分部工程验收质量结论应当报该项目的质量监督机构核定；未经核定的，项目法人不得通过法人验收；核定不合格的，项目法人应当重新组织验收。质量监督机构应当自收到核定材料之日起 20 个工作日内完成核定。

(6) 政府验收中竣工验收主持单位按以下原则确定：

1) 国家重点水利工程建设项目，竣工验收主持单位依照国家有关规定确定。

2) 除前款规定以外，在国家确定的重要江河、湖泊建设的流域控制性工程、流域重大骨干工程建设项目，竣工验收主持单位为水利部。

3) 除前两款规定以外的其他水利工程建设项目，竣工验收主持单位按照以下原则确定：

a. 水利部或者流域管理机构负责初步设计审批的中央项目，竣工验收主持单位为水利部或者流域管理机构。

b. 水利部负责初步设计审批的地方项目，以中央投资为主的，竣工验收主持单位为水利部或者流域管理机构，以地方投资为主的，竣工验收主持单位为省级人民政府（或者其委托的单位）或者省级人民政府水行政主管部门（或者其委托的单位）。

c. 地方负责初步设计审批的项目，竣工验收主持单位为省级人民政府水行政主管部门（或者其委托的单位）。

竣工验收主持单位为水利部或者流域管理机构的，可以根据工程实际情况，会同省级人民政府或者有关部门共同主持。

4）竣工验收主持单位应当在工程开工报告的批准文件中明确。

（7）竣工验收应当在工程建设项目全部完成并满足一定运行条件后1年内进行。不能按期进行竣工验收的，经竣工验收主持单位同意，可以适当延长期限，但最长不得超过6个月。逾期仍不能进行竣工验收的，项目法人应当向竣工验收主持单位做出专题报告。

（8）工程具备竣工验收条件的，项目法人应当提出竣工验收申请，经法人验收监督管理机关审查后报竣工验收主持单位。竣工验收主持单位应当自收到竣工验收申请之日起20个工作日内决定是否同意进行竣工验收。

（9）竣工验收分为竣工技术预验收和竣工验收两个阶段。大型水利工程在竣工技术预验收前，项目法人应当按照有关规定对工程建设情况进行竣工验收技术鉴定。中型水利工程在竣工技术预验收前，竣工验收主持单位可以根据需要决定是否进行竣工验收技术鉴定。

（10）竣工验收原则上按照经批准的初步设计所确定的标准和内容进行。

项目既有总体初步设计又有单项工程初步设计的，原则上按照总体初步设计的标准和内容进行，也可以先进行单项工程竣工验收，最后按照总体初步设计进行总体竣工验收。

项目有总体可行性研究但没有总体初步设计而有单项工程初步设计的，原则上按照单项工程初步设计的标准和内容进行竣工验收。

建设周期长或者因故无法继续实施的项目，对已完成的部分工程可以按单项工程或者分期进行竣工验收。

### 2.7.4 违反验收管理规定的处罚

《验收管理规定》中关于违反该规定的主要处罚有：

（1）违反本规定，项目法人不按时限要求组织法人验收或者不具备验收条件而组织法人验收的，由法人验收监督管理机关责令改正。

（2）项目法人以及其他参建单位提交验收资料不真实导致验收结论有误的，由提交不真实验收资料的单位承担责任。竣工验收主持单位收回验收鉴定书，对责任单位予以通报批评；造成严重后果的，依照有关法律法规处罚。

（3）参加验收的专家在验收工作中玩忽职守、徇私舞弊的，由验收监督管理机关予以通报批评；情节严重的，取消其参加验收的资格；构成犯罪的，依法追究刑事责任。

（4）国家机关工作人员在验收工作中玩忽职守、滥用职权、徇私舞弊，尚不构成犯罪的，依法给予行政处分；构成犯罪的，依法追究刑事责任。

## 2.8 工程技术标准体系

### 2.8.1 水利标准的分类和体系

根据《中华人民共和国标准化法》的规定，中国标准分为国家标准、行业标准、地方标准和企业标准四大类。保障人体健康、人身、财产安全的标准和法律、行政法规规定强制执行的标准是强制性标准，其他标准是推荐性标准。

水利部是中国水利标准化的行政主管部门，组织制定了《水利技术标准体系表》。根据标准体系的内在联系特征和水利行业的具体特点，体系表采用由专业门类、专业序列和层次构成的三维框架结构（见图 2-1）。

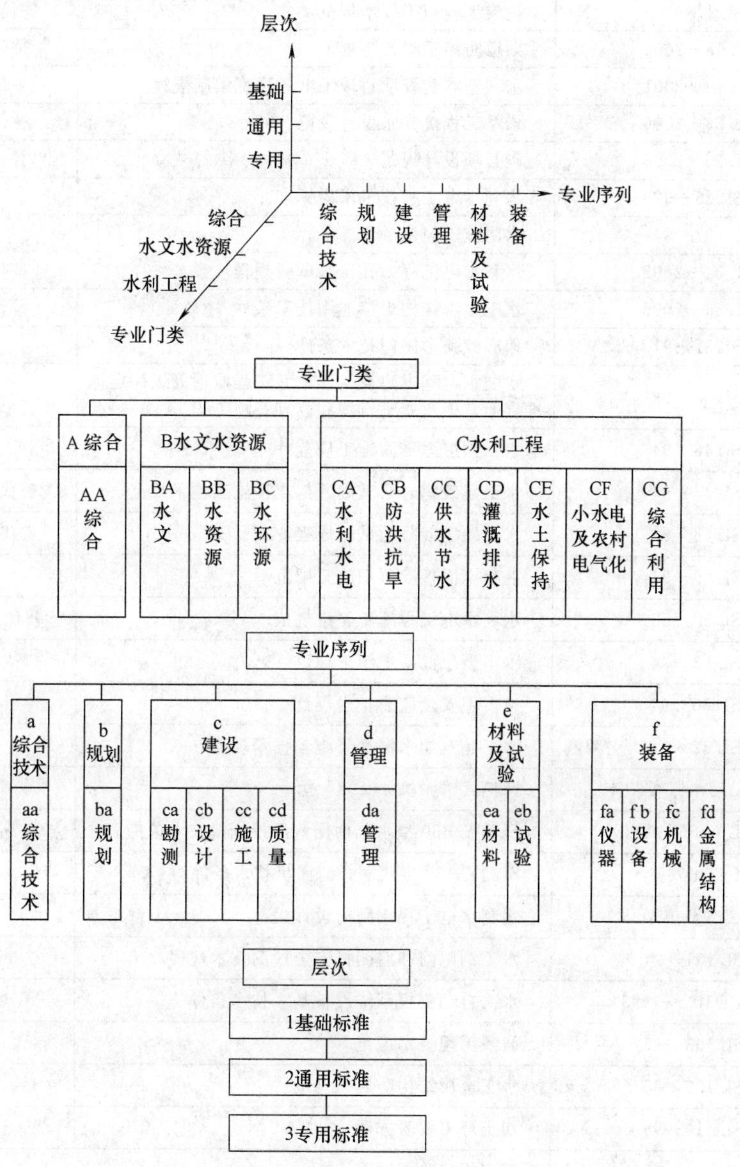


图 2-1 水利技术标准体系结构框图

## 2.8.2 主要水利水电工程设计和施工标准

现行有效的主要水利水电工程设计和施工标准详见表 2-1。

表2-1 主要水利水电工程设计和施工标准及法律法规

| 序号 | 标准编号 | 标准名称及法律法规 | 备注 |
|---|---|---|---|
| 1 | | 水利技术标准体系表 | |
| 2 | SL 1—2002 | 水利技术标准编写规定 | 替代 01—97 |
| 3 | SL 15—91 | 水利水电专用混凝土泵技术条件 | |
| 4 | SL 17—90 | 疏浚工程施工技术规范 | 替代 SLJ 202—82 |
| 5 | SL 18—2004 | 渠道防渗工程技术规范 | 替代 SL 18—91 |
| 6 | SL 19—2001 | 水利基本建设项目竣工财务决算编制规程 | 替代 SL 19—90 |
| 7 | SL 23—2006 | 渠系工程抗冻胀设计规范 | 替代 SL 23—91 |
| 8 | SL 25—2006 | 砌石坝设计规范 | 替代 SL 25—91 |
| 9 | SL 26—92 | 水利水电工程技术术语标准 | |
| 10 | SL 27—91 | 水闸施工规范 | |
| 11 | SL 31—2003 | 水利水电工程钻孔压水试验规程 | 替代 SL 25—92 |
| 12 | SL 36—2006 | 水工金属结构焊接通用技术条件 | 替代 SL 36—92 |
| 13 | SL 37—91 | 偏心铰弧形闸门技术条件 | |
| 14 | SL 38—92 | 水利水电基本建设工程单元工程质量等级评定标准（七）碾压式土石坝和浆砌石坝工程 | |
| 15 | SL 46—94 | 水工预应力锚固施工规范 | |
| 16 | SL 47—94 | 水工建筑物岩石基础开挖工程施工技术规范 | 替代 SDJ 211—83 |
| 17 | SL 48—94 | 水工碾压混凝土试验规程 | 替代 SDJS 10—86 |
| 18 | SL 49—94 | 混凝土面板堆石坝施工规范 | |
| 19 | SL 52—93 | 水利水电工程施工测量规范 | 替代 SDJS 936—85 |
| 20 | SL 53—94 | 水工碾压混凝土施工规范 | |
| 21 | SL 60—94 | 土石坝安全监测技术规范 | |
| 22 | SL 62—94 | 水工建筑物水泥灌浆施工技术规范 | |
| 23 | SL/T 64—94 | 两栖式清淤机 | |
| 24 | SL/T 65—94 | SLWY—60 型水陆两用液压挖掘机技术条件 | |
| 25 | SL/T 66—94 | SLQY—30 型两栖式清淤机技术条件 | |
| 26 | SL 74—95 | 水利水电工程钢闸门设计规范 | |
| 27 | SL 101—94 | 水工钢闸门和启闭机安全检测技术规程 | |
| 28 | SL/T 102—1995 | 水文自动测报系统设备基本技术条件 | |
| 29 | SL 103—95 | 微灌工程技术规范 | |
| 30 | SL 105—95 | 水工金属结构防腐蚀规范 | |
| 31 | SL 110—95 | 切土环刀校验方法 | |
| 32 | SL 111—95 | 透水板校验方法 | |
| 33 | SL 112—95 | 击实仪校验方法 | |
| 34 | SL 115—95 | 变水头（常水头）渗透仪校验方法 | |
| 35 | SL 116—95 | 应变控制式直剪仪校验方法 | |
| 36 | SL 117—95 | 应变控制式无侧限压缩仪校验方法 | |
| 37 | SL 118—95 | 应变控制式三轴仪校验方法 | |

续表

| 序号 | 标 准 编 号 | 标准名称及法律法规 | 备 注 |
|---|---|---|---|
| 38 | SL 119—95 | 岩石三轴试验仪校验方法 | |
| 39 | SL 120—95 | 岩石声波参数测试仪校验方法 | |
| 40 | SL 121—95 | 岩石直剪（中型剪）仪校验方法 | |
| 41 | SL 122—95 | 岩石变形测试仪校验方法 | |
| 42 | SL 126—95 | 砂料标准筛检验方法 | |
| 43 | SL 127—95 | 容重筒检验方法 | |
| 44 | SL 128—95 | 试验室用混凝土搅拌机检验方法 | |
| 45 | SL 129—95 | 混凝土成型用标准振动台检验方法 | |
| 46 | SL 130—95 | 混凝土试模检验方法 | |
| 47 | SL 131—95 | 混凝土坍落度仪校验方法 | |
| 48 | SL 132—95 | 气压式含气量测定仪校验方法 | |
| 49 | SL 138—95 | 混凝土标准养护室检验方法 | |
| 50 | SL/T 153—95 | 低压管道输水灌溉工程技术规范（井灌区部分） | |
| 51 | SL/T 154—95 | 混凝土与钢筋混凝土井管标准 | |
| 52 | SL 163.1—95 | 施工导流模型试验规程 | |
| 53 | SL 163.2—95 | 施工截流模型试验规程 | |
| 54 | SL 164—95 | 溃坝模型试验规程 | |
| 55 | SL 168—96 | 小型水电站建设工程验收规程 | |
| 56 | SL 169—96 | 土石坝安全监测资料整编规程 | |
| 57 | SL 172—96 | 小型水电站施工技术规范 | |
| 58 | SL 174—96 | 水利水电工程混凝土防渗墙施工技术规范 | |
| 59 | SL 176—2007 | 水利水电工程施工质量检验与评定规程 | 替代 SL 176—96 |
| 60 | SL 188—2005 | 堤防工程地质勘察规程 | 替代 SL/T 188—96 |
| 61 | SL 189—96 | 小型水利水电工程碾压式土石坝设计导则 | |
| 62 | SL/T 191—96 | 水工混凝土结构设计规范 | |
| 63 | SL 197—97 | 水利水电工程测量规范（规划设计阶段） | |
| 64 | SL 203—97 | 水工建筑物抗震设计规范 | |
| 65 | SL 210—98 | 土石坝养护修理规程 | |
| 66 | SL 211—2006 | 水工建筑物抗冰冻设计规范 | 替代 SL 211—98 |
| 67 | SL 212—98 | 水工预应力锚固设计规范 | |
| 68 | SL 214—98 | 水闸安全鉴定规定 | |
| 69 | SL 223—2008 | 水利水电建设工程验收规程 | 替代 SL 223—1999 |
| 70 | SL/T 225—98 | 水利水电工程土工合成材料应用技术标准 | |
| 71 | SL 227—98 | 橡胶坝技术规范 | |
| 72 | SL 228—98 | 混凝土面板堆石坝设计规范 | |
| 73 | SL 230—98 | 混凝土坝养护修理规程 | |
| 74 | SL/T 231—98 | 聚乙烯（PE）土工膜防渗工程技术规范 | |
| 75 | SL 234—1999 | 泵站施工规范 | |
| 76 | SL 239—1999 | 堤防工程施工质量评定与验收规程（试行） | |
| 77 | SL/T 242—1999 | 周期式混凝土搅拌楼（站） | |
| 78 | SL 251—2000 | 水利水电工程天然建筑材料勘察规程 | 替代 SDJ 17—78 |

续表

| 序号 | 标准编号 | 标准名称及法律法规 | 备　注 |
|---|---|---|---|
| 79 | SL 252—2000 | 水利水电工程等级划分及洪水标准 | 替代 SDJ 12—78、SDJ 12—78（B）与 SDJ 217—87 |
| 80 | SL 253—2000 | 溢洪道设计规范 | 替代 SDJ 341—89 |
| 81 | SL 258—2000 | 水库大坝安全评价导则 | |
| 82 | SL 260—98 | 堤防工程施工规范 | |
| 83 | SL 265—2001 | 水闸设计规范 | |
| 84 | SL 266—2001 | 水电站厂房设计规范 | |
| 85 | SL 274—2001 | 碾压式土石坝设计规范 | |
| 86 | SL 275.1—2001 | 表层型核子水分－密度仪现场测试规程 | |
| 87 | SL 275.2—2001 | 深层型核子水分－密度仪现场测试规程 | |
| 88 | SL 279—2002 | 水工隧洞设计规范 | 替代 SD 134—84 |
| 89 | SL 281—2003 | 水电站压力钢管设计规范 | 替代 SD 144—85 |
| 90 | SL 282—2003 | 混凝土拱坝设计规范 | 替代 SD 145—85 |
| 91 | SL 285—2003 | 水利水电工程进水口设计规范 | 替代 SD 303—88 |
| 92 | SL 288—2003 | 水利工程建设项目施工监理规范 | |
| 93 | SL 290—2003 | 水利水电工程建设征地移民设计规范 | 替代 SD 130—84 |
| 94 | SL 302—2004 | 水坠坝技术规范 | |
| 95 | SL 303—2004 | 水利水电工程施工组织设计规范 | 替代 SDJ 338—89 |
| 96 | SL 313—2004 | 水利水电工程施工地质勘察规程 | 替代 SDJ 18—78 |
| 97 | SL 314—2004 | 碾压混凝土坝设计规范 | |
| 98 | SL 316—2004 | 泵站安全鉴定规程 | |
| 99 | SL 317—2004 | 泵站安装及验收规范 | 替代原 SD 204—86 |
| 100 | SL 319—2005 | 混凝土重力坝设计规范 | 替代 SDJ 21—78 |
| 101 | SL 320—2005 | 水利水电工程钻孔抽水试验规程 | 替代 SLJ 1—81 |
| 102 | SL 328—2005 | 水利水电工程设计工程量计算规定 | |
| 103 | SL 352—2006 | 水工混凝土试验规程 | 替代 SD 105—82 和 SL 48—94 |
| 104 | SL 381—2007 | 水利水电工程启闭机制造安装及验收规范 | |
| 105 | | 工程建设标准强制性条文（水利工程部分）（2004 年版） | |
| 106 | | 工程建设标准强制性条文（电力工程部分）（2006 年版） | |
| 107 | DL/T 822—2002 | 水电厂计算机监控系统试验验收规程 | |
| 108 | DL/T 827—2002 | 灯泡贯流式水轮发电机组启动试验规程 | |
| 109 | DL/T 835—2003 | 水工钢闸门和启闭机安全检测技术规程 | |
| 110 | DL/T 944—2005 | 混凝土泵技术条件 | |
| 111 | DL/T 946—2005 | 水利电力建设用起重机 | |
| 112 | DL/T 949—2005 | 水工建筑物塑性嵌缝密封材料技术标准 | |
| 113 | DL/T 5010—2005 | 水电水利工程物探规程 | 替代 DL 5010—1992 |
| 114 | DL/T 5016—1999 | 混凝土面板堆石坝设计规范 | |

续表

| 序号 | 标准编号 | 标准名称及法律法规 | 备注 |
|---|---|---|---|
| 115 | DL/T 5017—2007 | 压力钢管制造安装及验收规范 | |
| 116 | DL/T 5018—2004 | 水电水利工程钢闸门制造安装及验收规范 | |
| 117 | DL/T 5039—95 | 水利水电工程钢闸门设计规范 | |
| 118 | DL/T 5055—1996 | 水工混凝土掺用粉煤灰技术规范 | |
| 119 | DL/T 5057—1996 | 水工混凝土结构设计规范 | |
| 120 | DL/T 5058—1996 | 水电站调压室设计规范 | |
| 121 | DL 5073—2000 | 水工建筑物抗震设计规范 | |
| 122 | DL 5077—1997 | 水工建筑物荷载设计规程 | |
| 123 | DL/T 5082—1998 | 水工建筑物抗冰冻设计规范 | |
| 124 | DL/T 5083—2004 | 水电水利工程预应力锚索施工规范 | |
| 125 | DL/T 5085—1999 | 钢—混凝土组合结构设计规程 | |
| 126 | DL/T 5086—1999 | 水电水利工程混凝土生产系统设计导则 | |
| 127 | DL/T 5087—1999 | 水电水利工程围堰设计导则 | |
| 128 | DL/T 5088—1999 | 水电水利工程工程量计算规定 | |
| 129 | DL/T 5098—1999 | 水电水利工程砂石加工系统设计导则 | |
| 130 | DL/T 5099—1999 | 水工建筑物地下开挖工程施工技术规范 | |
| 131 | DL/T 5100—1999 | 水工混凝土外加剂技术规程 | |
| 132 | DL 5108—1999 | 混凝土重力坝设计规范 | |
| 133 | DL/T 5109—1999 | 水电水利工程施工地质规程 | |
| 134 | DL/T 5110—2000 | 水电水利工程模板施工规范 | |
| 135 | DL/T 5111—2000 | 水电水利工程施工监理规范 | |
| 136 | DL/T 5112—2000 | 水工碾压混凝土施工规范 | |
| 137 | DL/T 5113.1—2005 | 水电水利基本建设工程单元工程质量等级评定标准　第一部分：土建工程 | 替代 SDJ 249.1—1988 |
| 138 | DL/T 5113.8—2000 | 水电水利基本建设工程单元工程质量等级评定标准（八）水工碾压混凝土工程 | |
| 139 | DL/T 5113.11—2005 | 水电水利基本建设工程单元工程质量等级评定标准 第 11 部分：灯泡贯流式水轮发电机组安装工程 | |
| 140 | DL/T 5114—2000 | 水电水利工程施工导流设计导则 | |
| 141 | DL/T 5115—2000 | 混凝土面板堆石坝接缝止水技术规范 | |
| 142 | DL/T 5116—2000 | 水电水利工程碾压式土石坝施工组织设计导则 | |
| 143 | DL/T 5123—2000 | 水电站基本建设工程验收规程 | |
| 144 | DL/T 5127—2001 | 水力发电工程 CAD 制图技术规定 | |
| 145 | DL/T 5128—2001 | 混凝土面板堆石坝施工规范 | |
| 146 | DL/T 5129—2001 | 碾压式土石坝施工规范 | |
| 147 | DL/T 5133—2001 | 水电水利工程施工机械选择设计导则 | |
| 148 | DL/T 5134—2001 | 水电水利工程施工交通设计导则 | |
| 149 | DL/T 5135—2001 | 水电水利工程爆破施工技术规范 | |

续表

| 序号 | 标准编号 | 标准名称及法律法规 | 备注 |
| --- | --- | --- | --- |
| 150 | DL/T 5144—2001 | 水工混凝土施工规范 | |
| 151 | DL/T 5148—2001 | 水工建筑物水泥灌浆施工技术规范 | |
| 152 | DL/T 5150—2001 | 水工混凝土试验规程 | |
| 153 | DL/T 5151—2001 | 水工混凝土砂石骨料试验规程 | |
| 154 | DL/T 5152—2001 | 水工混凝土水质分析试验规程 | |
| 155 | DL 5162—2002 | 水电水利工程施工安全防护设施技术规范 | |
| 156 | DL/T 5166—2002 | 溢洪道设计规范 | |
| 157 | DL/T 5167—2002 | 水电水利工程启闭机设计规范 | |
| 158 | DL/T 5169—2002 | 水工混凝土钢筋施工规范 | |
| 159 | DL/T 5173—2003 | 水电水利工程施工测量规范 | |
| 160 | DL/T 5176—2003 | 水电工程预应力锚固设计规范 | |
| 161 | DL/T 5178—2003 | 混凝土安全监测技术规范 | |
| 162 | DL/T 5179—2003 | 水电水利工程混凝土预热系统设计导则 | |
| 163 | DL/T 5180—2003 | 水电枢纽工程等级划分及设计安全标准 | |
| 164 | DL/T 5181—2003 | 水电水利工程锚喷支护施工规范 | |
| 165 | DL/T 5192—2004 | 水电水利工程施工总布置设计导则 | |
| 166 | DL/T 5195—2004 | 水工隧洞设计规范 | 替代 SD 134—1984 |
| 167 | DL/T 5198—2004 | 水电水利工程岩壁梁施工规程 | |
| 168 | DL/T 5199—2004 | 水电水利工程混凝土防渗墙施工规范 | |
| 169 | DL/T 5200—2004 | 水电水利工程高压喷射灌浆技术规范 | |
| 170 | DL/T 5201—2004 | 水电水利工程地下工程施工组织设计导则 | |
| 171 | DL/T 5207—2005 | 水工建筑物抗冲磨防空蚀混凝土技术规范 | |
| 172 | DL/T 5208—2005 | 抽水蓄能电站设计导则 | |
| 173 | DL/T 5209—2005 | 混凝土坝安全监测资料整编规程 | |
| 174 | DL/T 5211—2005 | 大坝安全监测自动化技术规范 | |
| 175 | DL/T 5212—2005 | 水电工程招标设计报告编制规程 | |
| 176 | DL/T 5213—2005 | 水电水利工程钻孔抽水试验规程 | |
| 177 | DL/T 5214—2005 | 水电水利工程振冲法地基处理技术规范 | |
| 178 | DL/T 5215—2005 | 水工建筑物止水带技术规范 | |
| 179 | DL/T 5330—2005 | 水工混凝土配合比设计规程 | |
| 180 | DL/T 5331—2005 | 水电水利工程钻孔压水试验规程 | |
| 181 | DL/T 5332—2005 | 水工混凝土断裂试验规程 | |
| 182 | DL/T 5333—2005 | 水电水利工程爆破安全监测规程 | |
| 183 | DL/T 5337—2006 | 水电水利工程边坡工程地质勘察技术规程 | |
| 184 | DL/T 5400—2007 | 水工建筑滑动模板施工技术规范 | |
| 185 | GB/T 50107—2010 | 混凝土强度检验评定标准 | |

续表

| 序号 | 标准编号 | 标准名称及法律法规 | 备注 |
| --- | --- | --- | --- |
| 186 | GBJ 132—90 | 工程结构设计基本术语和通用符号 | |
| 187 | GB 6722—2003 | 大爆破安全规程 | |
| 188 | GB 1346—2001 | 水泥标准稠度用水量、凝结时间、安定性检验方法 | |
| 189 | GB/T 14684—2001 | 建筑用砂 | |
| 190 | GB/T 17638—1998 | 土工合成材料　短纤针刺非织造土工布 | |
| 191 | GB/T 17639—1998 | 土工合成材料　长丝纺粘针刺非织造土工布 | |
| 192 | GB/T 17640—1998 | 土工合成材料　长丝机织土工布 | |
| 193 | GB/T 17641—1998 | 土工合成材料　裂膜丝机织土工布 | |
| 194 | GB/T 17642—1998 | 土工合成材料　非织造复合土工膜 | |
| 195 | GB/T 17688—1999 | 土工合成材料　聚氯乙烯土工膜 | |
| 196 | GB 17741—1999 | 工程场地地震安全性评价技术规范 | |
| 197 | GB/T 17920—1999 | 土方机械　提升臂支承装置 | |
| 198 | GB/T 18148—2000 | 压实机械压实性能试验方法 | |
| 199 | GB 50003—2001 | 砌体结构设计规范 | |
| 200 | GB 50007—2002 | 建筑地基基础设计规范 | |
| 201 | GB 50009—2001 | 建筑结构荷载规范 | |
| 202 | GB 50010—2002 | 混凝土结构设计规范 | |
| 203 | GB 50026—2007 | 工程测量规范 | |
| 204 | GB 50027—2001 | 供水水文地质勘察规范 | |
| 205 | GB 50071—2002 | 小型水力发电站设计规范 | |
| 206 | GB 50086—2002 | 锚杆喷射混凝土支护技术规范 | |
| 207 | GB 50181—93 | 蓄滞洪区建筑工程技术规范 | |
| 208 | GB 50191—93 | 构筑物抗震设计规范 | |
| 209 | GB 50202—2002 | 建筑地基基础工程施工质量验收规范 | |
| 210 | GB 50203—2002 | 砌体工程施工质量验收规范 | |
| 211 | GB 50204—2002 | 混凝土结构工程施工质量验收规范 | |
| 212 | GB 50205—2001 | 钢结构工程施工质量验收规范 | |
| 213 | GB 50208—2002 | 地下防水工程质量验收规范 | |
| 214 | GB 50209—2002 | 建筑地面工程施工质量验收规范 | |
| 215 | GB 50214—2001 | 组合钢模板技术规范 | |
| 216 | GB 50218—94 | 工程岩体分级标准 | |
| 217 | GB 50224—95 | 建筑防腐蚀工程质量检验评定标准 | |
| 218 | GB/T 50265—97 | 泵站设计规范 | |
| 219 | GB/T 50266—99 | 工程岩体试验方法标准 | |
| 220 | GB/T 50279—98 | 岩土工程基本术语标准 | |
| 221 | GB 50286—98 | 堤防工程设计规范 | |

续表

| 序号 | 标准编号 | 标准名称及法律法规 | 备　注 |
|---|---|---|---|
| 222 | GB 50287—99 | 水利水电工程地质勘察规范 | |
| 223 | GB 50288—99 | 灌溉与排水工程设计规范 | |
| 224 | GB 50290—98 | 土工合成材料应用技术规范 | |
| 225 | GB 50296—99 | 供水管井技术规范 | |
| 226 | GB 50300—2001 | 建筑工程施工质量验收统一标准 | |
| 227 | GB 50303—2002 | 建筑电气工程施工质量验收规范 | |
| 228 | GB 50319—2000 | 建设工程监理规范 | |
| 229 | GB/T 8077—2000 | 混凝土外加剂均质性试验方法 | |
| 230 | CECS13：89 | 钢纤维混凝土试验方法 | |
| 231 | CECS25：90 | 混凝土结构加固技术规范 | |
| 232 | CECS28：90 | 钢管混凝土结构设计与施工规程 | |
| 233 | CECS40：92 | 混凝土及预制混凝土构件质量控制规程 | |
| 234 | CECS68：94 | 氢氧化钠溶液（碱液）加固湿陷性黄土地基技术规程 | |
| 235 | JGJ/T 23—2001/J115—2001 | 回弹法检测混凝土抗压强度技术规程 | |
| 236 | JC 475—2004 | 混凝土防冻剂 | |
| 237 | JTJ/T 239—98 | 水运工程土工织物应用技术规程 | |
| 238 | JTJ 240—97 | 港口工程地质勘察规范 | |
| 239 | JTS 147-1—2010 | 港口工程地基规范 | |
| 240 | JTJ/T 258—98 | 爆炸法处理水下地基和基础技术规程 | |
| 241 | JTJ 298—98 | 防波堤设计与施工规范 | |
| 242 | JTJ/T 321—96 | 疏浚工程土石方计量标准 | |
| 243 | JTJ 312—2003 | 航道整治工程技术规范 | |
| 244 | JTJ 319—99 | 疏浚工程技术规范 | |
| 245 | JTJ/T 320—96 | 疏浚岩土分类标准 | |
| 246 | | 淮河流域水污染防治暂行条例 | |
| 247 | | 国务院关于环境保护工作的决定 | |
| 248 | | 国务院关于进一步加强环境保护工作的决定 | |
| 249 | | 国务院关于环境保护若干问题的决定 | |
| 250 | | 国家环保局关于贯彻《国务院关于环境保护若干问题的决定》有关问题的通知 | |
| 251 | | 中华人民共和国水土保持法 | |
| 252 | | 中华人民共和国水土保持法实施条例 | |
| 253 | | 中华人民共和国河道管理条例 | |
| 254 | | 开发建设项目水土保持方案编报审批管理规定 | |
| 255 | | 建设项目环境保分类管理名录（试行） | |
| 256 | | 关于执行建设项目环境影响评价制度有关问题的通知 | |
| 257 | | 水库大坝安全管理条例 | |

续表

| 序号 | 标准编号 | 标准名称及法律法规 | 备注 |
| --- | --- | --- | --- |
| 258 | | 中华人民共和国防洪法 | |
| 259 | | 建设工程质量管理条例 | |
| 260 | | 蓄滞洪区运用补偿暂行办法 | |
| 261 | | 中华人民共和国水法 | |
| 262 | | 中华人民共和国水污染防治法 | |
| 263 | | 中华人民共和国水污染防治法实施细则 | |
| 264 | | 饮用水水源保护区污染防治管理规定 | |
| 265 | | 建设项目环境保护管理办法 | |
| 266 | | 建设项目环境保护设计规定 | |
| 267 | | 关于建设项目环境影响报告书审批权限问题的通知 | |
| 268 | | 关于进一步做好建设项目环境保护管理工作的几点意见 | |
| 269 | | 关于《建设项目环境保护管理办法》适用范围问题的复函 | |
| 270 | | 中华人民共和国标准化法 | |
| 271 | | 中华人民共和国标准化法条文解释 | |
| 272 | | 中华人民共和国电力法 | |
| 273 | | 中华人民共和国海洋环境保护法 | |
| 274 | | 中华人民共和国森林法 | |
| 275 | | 中华人民共和国档案法 | |
| 276 | | 中华人民共和国建设项目环境保护管理条例 | |
| 277 | | 基本农田保护条例 | |
| 278 | | 中华人民共和国土地管理法 | |
| 279 | | 中华人民共和国土地管理法实施条例 | |
| 280 | | 水库大坝注册登记办法 | |
| 281 | | 水库大坝安全鉴定办法 | |
| 282 | | 综合利用水库调度通则 | |
| 283 | | 中华人民共和国合同法 | |
| 284 | | 重点用能单位节能管理办法 | |
| 285 | | 水利工程质量事故处理暂行规定 | |
| 286 | | 国务院办公厅关于加强基础设施工程质量管理的通知 | |
| 287 | | 工程勘察设计单位年检管理办法 | |
| 288 | | 建设工程勘察设计市场管理规定 | |
| 289 | | 水利产业政策实施细则 | |
| 290 | | 电力行业标准化管理办法 | |
| 291 | | 中华人民共和国标准化法实施条例 | |
| 292 | | 水利水电勘测设计技术标准管理办法 | |
| 293 | | 水电勘测设计技术标准管理办法 | |
| 294 | | 中华人民共和国招投标法 | |
| 295 | | 中华人民共和国招投标法释义 | |

续表

| 序号 | 标准编号 | 标准名称及法律法规 | 备注 |
|---|---|---|---|
| 296 | | 国家科学技术奖励条例 | |
| 297 | | 水土保持生态环境监测网络管理办法 | |
| 298 | | 中华人民共和国专利法 | |
| 299 | | 堤防和疏浚工程施工合同范本 | |
| 300 | | 中华人民共和国产品质量法 | |
| 301 | | 地震安全性评价管理条例 | |
| 302 | | 水利工程建设项目招标投标管理规定 | |
| 303 | | 水利工程设备制造监理规定 | |
| 304 | | 水利工程设备制造监理单位与监理人员资格管理办法 | |
| 305 | | 采用国际标准管理办法 | |
| 306 | | 中国工程咨询协会全国优秀工程咨询成果奖奖励条例 | |
| 307 | | 中华人民共和国安全生产法 | |
| 308 | | 中华人民共和国政府采购法 | |
| 309 | | 建设项目水资源论证管理办法 | |
| 310 | | 水利工程供水价格管理办法 | |
| 311 | | 工程建设项目勘察设计招标投标办法 | |
| 312 | | 水利工程建设项目勘察（测）设计招投标管理办法 | |
| 313 | | 入河排污口监督管理办法 | |
| 314 | | 水行政许可实施办法 | |
| 315 | | 水利部关于修改部分水利行政许可规章的决定 | |
| 316 | | 水利部关于修改或者废止部分水利行政许可规范性文件的决定 | |
| 317 | | 水利标准化工作管理办法 | |
| 318 | | 水文水资源调查评价资质和建设项目水资源论证资质管理办法（试行） | |
| 319 | | 建设工程安全生产管理条例 | |
| 320 | | 中华人民共和国建筑法 | |
| 321 | | 开发建设项目水土保持方案编报审批管理规定 | |
| 322 | | 开发建设项目水土保持设施验收管理办法 | |

## 2.9 工程质量创优

### 2.9.1 中国水利工程优质（大禹）奖

#### 2.9.1.1 评选范围

根据国务院《质量振兴纲要》和水利部有关规定，为提高我国水利工程建设质量水平，中国水利工程协会（简称“中水协”）组织评选中国水利工程优质（大禹）奖（简称

"大禹工程奖")。该奖是水利工程行业优质工程的最高奖项,奖励以工程质量为主,兼顾工程建设管理、工程效益和社会影响等因素的优秀水利工程。

大禹工程奖评选对象为我国境内已经建成并投入使用的水利工程,原则上以批准的初步设计作为一个项目评选。获奖单位为工程建设项目法人(或建设单位)与主要参建单位。

大禹工程奖每年评选一次。评选工作按申报、初审、复查与现场抽查、评审和奖励等程序进行。

凡在中华人民共和国境内建设的水利工程项目,符合基本建设程序,具备申报条件的都可以参加评选。

评选范围包括:已建成投产或使用的新建大中型水利工程;工程量较大,具有显著经济、社会和生态效益的大中型改建、扩建和除险加固工程。

#### 2.9.1.2 申报条件及程序单位

申报工程应具备以下条件:

(1) 符合基本建设程序且已经竣工验收,工程质量达到现行规范要求的等级。

(2) 主要单位工程和主要分部工程的工程质量等级评定为优良。

(3) 水利枢纽工程、堤防工程和引水工程在通过竣工验收后,原则上应达到或接近设计标准(不低于80%)的运行考验,且未发生质量问题。

(4) 具有有关主管部门或单位关于推荐评选的签署意见和加盖的公章。

以下单位负责程序申报:

(1) 由工程建设项目法人(或建设单位)负责申报。

(2) 中央项目按项目管理权限,由部主管司局或主管流域机构签署意见;地方项目由省、自治区、直辖市水利(水务)厅(局)或省级地方相关协会签署意见。

#### 2.9.1.3 申报资料的内容和要求

(1) 申报资料内容:

1) 申报资料总目录一份。

2)《中国水利工程优质(大禹)奖申报表》一式两份。

3)《中国水利工程优质(大禹)奖申报表》电子版一份。

4) 工程项目初步设计批准文件复印件一份。

5) 工程竣工验收资料一份。

6) 反映工程情况有解说词的多媒体光盘两件。

(2) 申报资料要求:

1) 必须使用由中水协统一制定的《中国水利工程优质(大禹)奖申报表》,填写内容必须全面、准确、真实。

2) 有关部门或单位推荐评选的签署意见。

3) 申报单位负责确定该工程设计单位(仅一个)、监理单位(不超过两个)和施工单位(不超过三个)为主要参建单位,并填写有关内容。

4) 工程多媒体光盘为技术性资料,内容要反映工程全貌、工程质量、主要建筑物内外处理效果与工程管理范围内环境景观、使用的新技术与新工艺等。多媒体光盘限时6分钟。

#### 2.9.1.4 评选程序

（1）中水协对申报工程的资料进行初审并将没有通过初审的工程告知申报单位。

（2）中水协组织专家组对初审合格的工程按大禹工程奖的评审要点进行申报资料复查，并形成复查报告。必要时，专家组应对某些工程进行现场抽查。

（3）工程现场抽查的内容与要求：

1）听取申报单位情况介绍并实地查看工程质量水平。

2）查阅工程有关立项、审批和技术与质量等档案资料。

3）听取工程运行管理单位对工程质量及运行状况的评价意见。

4）工程现场抽查情况应纳入复查报告。

（4）大禹工程奖的评审工作由中国水利工程优质（大禹）奖评审委员会进行。评审委员以无记名投票方式评选优质工程。

（5）评选结果在相关媒体上公示，接受社会公众监督指导。

（6）中水协对获奖工程的项目法人（或建设单位）授予大宇工程奖奖牌、荣誉证书；对主要参建单位授予荣誉称号。

### 2.9.2 中国电力优质工程奖

#### 2.9.2.1 评选范围及申报条件

为贯彻国务院颁发的《质量振兴纲要》和《关于加强基础设施建设质量的通知》精神，推动电力建设企业加强质量管理，提高工程建设质量和投资效益，中国电力建设企业协会（以下简称“中电建协”）特设“中国电力优质工程奖”。该奖项是我国电力建设行业工程质量的最高荣誉奖。“中国电力优质工程奖”每年评选一次，由中电建协负责并组织实施。审核工作由“中国电力建设专家委员会”负责。审定工作由中电建协组织评审委员会负责。中电建协本着优中选优的原则，从“中国电力优质工程奖”的项目中，推荐有代表性的项目申报“国家优质工程奖”（金奖或银奖）和“中国建筑工程鲁班奖”。

“中国电力优质工程奖”本着自愿申报的原则，采取严格审查、重点抽查、资料核查、关键部位和重要工序过程追溯核查、客观公正评价的方法进行。

申报“中国电力优质工程奖”应具备以下条件：

（1）电力建设工程符合国家的法律、法规和有关规定。

（2）工程开工时，应根据质量方针和目标，制订创建优质工程计划，并按照计划在工程中组织实施。

（3）工程建设期间和评选考核期间，未发生过较大及以上安全事故和重大质量事故，未发生过重大社会影响事件。

（4）投产并使用1年及以上且不超过3年的电力工程。

（5）容量和规模：

1）单机容量为300MW及以上的新建、扩建或改建的火电工程（含燃油）。

2）单机容量为1000MW及以上的核电常规岛工程。

3）装机容量为250MW及以上的水电工程（含抽水蓄能）。

4）装机容量为50MW及以上的风电工程。

5）电压等级为500kV及以上（线路长度100km及以上、变电容量750MVA及以上）的输变电工程。

（6）工程通过了电力工程达标投产考核。

（7）工程设计合理、先进。

（8）工程主要技术经济指标满足设计或合同保证值，且达到国内同期、同类项目先进水平。

（9）工程档案资料完整、准确、系统、有效，便于快捷检索。

不具备以上容量和规模的中小型电力工程，但工程造价1亿元以上或建安工作量5000万元以上并满足下列条件之一的电力工程，可以申报：

（1）节约型、环保型、新能源等电力工程。

（2）本地区规模最大或电压等级最高的电力工程。

（3）新纪录、专利、技术进步、管理创新等成果显著的电力工程。

（4）工艺质量精细，观感质量优良的电力工程。

（5）性能指标在电力行业领先的电力工程。

#### 2.9.2.2 申报材料

中国电力优质工程奖申报材料包括以下三项内容：

（1）申报表独立装订一册。

（2）申报材料独立装订一册，包括以下内容：

1）工程质量创优简介（1500字以内）。

a. 工程概况。

b. 工程建设的合法性。

c. 工程质量管理的有效性。

d. 建筑、安装工程质量优良的符合性。

e. 性能、技术指标的先进性。

f. “四新”应用、工程获奖情况。

g. 经济效益和社会效益。

2）工程建设合法性证明文件（复印件）。

a. 项目核准文件。

b. 土地使用证。

c. 移交生产签证书。

d. 建设期无较大安全事故证明。

e. 档案专项验收证书。

f. 消防专项验收证书。

g. 竣工财务决算审计报告（首页、审计结论页和审定部门盖章页）。

h. 环保专项验收证书。

i. 工程竣工验收签证书。

3）达标投产证书

4）工程质量监督中心站对工程投产后质量监督评价意见。

5）反映工程质量全貌和工程亮点的6吋数码彩照12张（其中工程全貌3张，与工程结构和使用安全相关的3张，主体设备安装工程2张，工程独具特色部位4张），粘贴在A4纸上（见照片粘贴页），并附电子版（照片有简要说明，JPEG格式3M及以上，不得用Word文档和扫描件）。

（3）DVD光盘：反映工程质量的DVD中的主要内容参见“工程质量创优简介”，光盘配有解说词，播放时间5分钟。

#### 2.9.2.3 申报和评选程序

“中国电力优质工程奖”申报单位应是建设单位或主体施工单位。主体工程由两个及以上单位共同承建的，可联合申报。

“中国电力优质工程奖”的评选，分为申报材料预审、现场复查、审定和表彰三个阶段。

（1）申报材料预审，主要是审查申报材料是否符合《中国电力优质工程奖评选办法》的规定。

（2）现场复查的主要内容及方法：

1）首次会。

a. 听取工程建设质量情况简要汇报。

b. 播放DVD光盘。

c. 参建单位补充发言。

d. 听取工程质量监督中心站对工程质量监督评价意见。

2）现场复查。

3）末次会。

由复查组提出书面复查报告（1500字以内）和该工程的“现场复查结果表”，现场复查工作结束。

（3）审定和表彰。

按《中国电力优质工程奖评选办法》的规定，依据复查组提出的复查报告及复查结果表，经中电建协组织的评审委员会审定后，由中电建协批准，在中电建协网站（www.cepca.org.cn）上公示10天。公示期满后，符合《中国电力优质工程奖评选办法》的工程将授予“中国电力优质工程奖”。

受奖单位应是建设和参加主体工程设计、施工、监理、调试、生产运行的单位。其中，受奖主体施工单位的承包工程结算额应不小于总建筑安装工作量的15%（以合同价款或工程结算书为准）。

对获得“中国电力优质工程奖”的建设、设计、主体施工、监理、调试和生产运行单位等，由中电建协予以表彰，颁发证书和奖牌，并在相关媒体宣传。

获奖单位的主管单位，可根据有关规定，对获奖单位及作出突出贡献的人员，给予精神和物质奖励。

## 2.9.3　其他相关奖

### 2.9.3.1　全国电力建设优秀施工企业

全国电力建设优秀施工企业评选范围包括中电建协会员单位中的水电、火电、送变电施工企业。

评选条件包括：

(1) 坚持科学发展观，认真贯彻执行党的路线、方针、政策，遵守国家的法律、法规，重合同、守信誉、无不良信用记录、无违法行为的企业。

(2) 具有施工总承包和专业施工承包一级及以上资质，近三年内获得过集团公司、地（市）级或同等级别及以上企业、工程质量等方面的奖励。

(3) 企业基础管理工作扎实，专业管理和综合管理水平较高，质量管理体系健全，现代化管理工作成绩突出，各项经营管理指标处于行业前列。

(4) 企业近三年内无安全较大事故（含）、重大质量事故及重大社会影响事件，工程合格率100%。

### 2.9.3.2　全国电力建设优秀职业经理人

电力建设优秀职业经理人分为优秀高级职业经理人和优秀中级职业经理人两个类别。

电力建设优秀职业经理人申报人需获得由中国企业联合会、中国施工企业管理协会、中国建筑业协会及其他全国性社团组织颁发的职业经理人资格证书，并按规定参加年检。

评选条件包括：

(1) 高举中国特色社会主义伟大旗帜，以邓小平理论和“三个代表”重要思想为指导，深入贯彻落实科学发展观。认真执行党的路线、方针、政策，遵守国家法律、法规，在政治上、思想上、行动上同党中央保持一致。

(2) 善于学习，勤于思考，勇于创新；不断学习国际国内同行业发展经验和先进理论，探讨适合我国国情和电力建设行业实际的经济发展规律；企业发展理念、管理模式和管理手段先进，所在企业的经济效益和社会效益处于行业先进水平。

(3) 爱岗敬业、务实肯干，有较强的执行能力、创新能力和团队意识，岗位工作业绩突出。

(4) 严于律己、诚实守信、克己奉公、清正廉洁，在行业或企业内有良好的口碑。

(5) 申报优秀高级职业经理人的人员，应为现任企业三总师以上的人员，并在近三年内获得过集团公司或地、市级（含）以上的综合性奖励；申报优秀中级职业经理人的人员，应为所在企业生产、经营及管理岗位（包括在岗项目经理）的中层管理人员，并在近三年内获得过所在企业（含）及以上的综合性奖励。

### 2.9.3.3　全国电力建设优秀项目经理

全国电力建设优秀项目经理评选范围为：中电建协会员单位的施工企业中，具有二级执业资格并在岗的项目经理。

评选条件包括：

(1) 拥护党的路线方针政策，遵守国家法律法规；坚持科学发展观，努力实践“三个代表”重要思想；勤奋敬业、勇于创新，有强烈的社会责任感。

(2) 认真贯彻国家《质量振兴纲要》精神，模范遵守电力建设行业的各项管理规定，并在工程项目全过程质量控制和全面质量管理工作中取得突出成绩。

(3) 具有符合国家倡导的质量管理理念，积极推广低碳技术项目管理方法，有较高的专业技术水平和较强的项目管理能力。

(4) 电力建设优秀项目经理还应符合下列条件：

1) 近三年负责承建的工程，均通过达标投产考核并至少有一项工程获地、市级（含）以上的优质工程奖。

2) 近三年负责承建的工程，质量合格率100%。

3) 近三年负责承建的工程，无较大（含）以上安全事故、重大质量事故和社会影响事件。

4) 坚持文明施工、注重现场管理，环境保护、节能减排和“四新”应用有成效。

5) 有较强的履约能力，重合同、守信用、兑承诺。

6) 所承建的工程项目经济效益和社会效益显著。

# 3　水利水电专业典型工程介绍

## 3.1　长江堤防加固工程

### 3.1.1　工程概况

长江堤防加固工程共28个项目，位于长江中下游湖北、湖南、安徽、江西四省，其中湖北境内有13个项目，湖南境内有2个项目，安徽境内有12个项目，江西境内有1个项目。长江中下游堤防主要坐落在第四纪冲积平原上，堤基表层相对弱透水层厚一般在1～8m，下部通常为深厚的砂及砂卵石层。长江堤防加固工程建设内容包括防渗工程、护岸工程和穿堤建筑物工程。

防渗工程采用垂直防渗和水平防渗两种，其中大部分为垂直防渗。垂直防渗工程为垂直防渗墙和堤身锥探灌浆，垂直防渗墙深度一般8～20m，最深达37m，防渗墙轴线主要布置在堤顶，少量布置在堤外脚。防渗工程施工内容包括开挖、回填，水泥土（或塑性混凝土）防渗墙、高喷防渗墙，堤身锥探灌浆，堤身斜面土工膜、混凝土预制块护坡、草皮护坡，吹填盖重、压浸平台、黏土铺盖、堤内外填塘固基，减压井（沟）及其排水系统，新防洪墙建设与老防洪墙加固，堤顶防汛道路和安全监测等。

护岸工程采用平顺护岸形式，工程布置以枯水平台为界，分为水上护坡和水下护脚两部分。施工内容主要有土方开挖、回填，干（浆）砌石、混凝土预制块护坡，导滤沟，混凝土系排梁浇筑；水下抛石、抛柴枕、沉放钢丝网石笼、铰链混凝土预制块沉排及模袋混凝土（砂），钢筋混凝土抗滑桩或水泥土搅拌阻滑桩等。

穿堤建筑物工程分为除险加固、改建和重建三种类型。穿堤建筑物除险加固内容包括加固闸室段，新建或扩建启闭机房，加固或新增消能设施，加固边坡，整治上、下游河道，加固或重建闸上交通桥（过闸公路），加高引堤，重建供配电、通信、照明等设备，更换启闭机和电气设备，更换闸门和埋件或对闸门进行防腐、加固等。改建或重建工程主要内容包括老闸部分或全部拆除，重建闸首、启闭机室、两侧翼墙，重建消力池及海漫，重建堤顶公路（或交通桥），重建闸门及埋件，更换启闭机和电气设备，重建供配电、通信、照明等设备。

### 3.1.2　主要技术指标

#### 3.1.2.1　防渗工程

垂直防渗墙：水泥土防渗墙墙厚20cm、25cm和30cm，塑性混凝土防渗墙墙厚为

25cm 和 30cm 两种。防渗墙轴线一般布置在堤顶距外堤肩 1.5～2.0m 处，部分堤段采用堤外脚垂直防渗墙接堤外坡斜面土工膜（其上铺设混凝土预制块护坡或铺盖黏土保护）。辅以堤顶锥探灌浆，土工膜为两布一膜，膜厚 0.5cm，土工膜规格为 $2\times150g/m^2$（或 $2\times200g/m^2$）。

水平防渗墙：填塘、盖重宽度一般不超过 200m，当宽度为 200m 的盖重仍不能满足要求时，在盖重末端设置减压沟（井），对于距堤 200m 以外的干渠出险部位，进行反滤衬砌。

土方回填：黏性土料回填应满足压实度不小于 0.92。

#### 3.1.2.2 护岸工程

干（浆）砌石护坡：干（浆）砌石护坡设计厚度为 30cm，砂石垫层厚度分为 10cm 和 15cm 两种。石料选用质地坚硬、不易风化的岩石，不允许使用薄片状石料。石料湿抗压强度大于 50MPa，软化系数大于 0.7，密度不小于 $2.65t/m^3$。石料最小边长不小于 15cm，单块重量大于 25kg。

混凝土预制块护坡：六边形混凝土预制块厚 10cm，混凝土强度等级含 C15 和 C20 两种；砂石垫层厚分 10cm 和 15cm 两种、部分标段为土工布上铺设 5cm 厚砂石垫层。

水下抛石护岸：抛投块石要求石质坚硬，遇水不易破碎或水解，湿抗压强度大于 50MPa，软化系数大于 0.7，密度不小于 $2.65t/m^3$；块石尺寸及单块重量要求各项目有不同要求。抛投厚度 0.60～2.40m，宽度 20～80m。

混凝土铰链预制块沉排护岸：系排梁为钢筋混凝土，宽 3m，高 0.7～1.0m；排体预制块为 C20 钢筋混凝土，厚 8cm，长 80cm，宽 50cm。块与块之间用钢筋环和螺栓连接，排体搭接宽度 1.5～2.0cm。铰链混凝土沉排水下防护宽度为 45.5～86.1m。

模袋混凝土（砂）护岸：所采用的原材料（土工布、混凝土、砂、扎绳线）各项指标应符合设计要求；模袋混凝土的厚度控制在 15～20cm；模袋混凝土中充填物为 C15 或 C20 混凝土。

抛柴枕护岸：每个柴枕由芦苇、树枝捆成，柴枕内裹直径为 0.1～0.2m 块石 $0.9m^3$，柴枕直径 0.63m，长 10m。自设计枯水位向江中 5m 起抛护，范围 40～60m。

土工布软体排护岸：土工布为长丝，$350g/m^2$，断裂强度不低于 15kN/m，CBR 顶破强度不小于 2.5kN，$O_{95}\leqslant0.15mm$，撕破强力不低于 420N。压实技术指标同抛石护岸工程。

### 3.1.3 防渗工程施工

#### 3.1.3.1 渗流险情

汛期长江堤防险情类型较多，渗流险情占绝大多数。例如，1998 年汛期长江中下游堤防险情总数为 73825 处，渗流险情为 65139 处，占总险情的 88.3%，其中长江干流堤防险情总数为 9405 处，渗流险情为 8304 处，所占比例为 88.3%。险情中的散浸、脱坡、漏洞、跌窝都发生在堤身，管涌则是因堤基遭到破坏而出现的险情。

基础的渗流管涌险情不仅出现频率高（在所有主要险情中，管涌占一半），而且是导致大堤溃决的主要险情。1998 年汛期湖北省境内 34 处溃口险情中，管涌 26 处，长江中下游堤防的 7 处溃口，因堤基管涌溃决的有 5 处。

堤基管涌多表现为冒水翻砂、泡泉、土层隆起、大面积砂沸等。

#### 3.1.3.2　渗流控制和“三新”技术

所谓渗流控制就是控制堤身（基）内的渗流状态（渗流水头、渗流坡降）在允许范围内，免遭渗流破坏，保证大堤安全。渗流控制的总原则是“前堵后排、保护渗流出口”。渗流控制措施主要有铺盖、斜墙、锥探灌浆、劈裂灌浆、填塘、吹填、盖重、反滤层、减压井（沟）等。

随着塑性混凝土、水泥土等新材料及大量新设备、新工艺的出现，薄防渗墙新技术在作用水头低、洪水历时短的堤防工程得以推广应用。

#### 3.1.3.3　薄防渗墙技术

1. 薄防渗墙设计

针对长江堤防的实际情况，根据有关参数计算出的墙体厚度一般为15～20cm，综合考虑施工设备、精度控制、工艺水平及土层性状等因素，设计防渗墙墙厚一般为25～30cm，少数为20cm。防渗墙墙体材料主要采用水泥土或塑性混凝土。

2. 薄防渗墙施工工法及主要设备

根据成墙方式的不同，薄防渗墙施工工法可大致分为开槽置换法、深层搅拌法、高压喷射法和振动挤压法四种。其中高压喷射法，造价较高，主要用于堤身与穿堤建筑物的连接部位、老溃口段及施工场地狭小地段。

（1）开槽置换工法是在堤身（基）内开槽弃土并置换塑性混凝土或其他防渗材料从而形成一道连续防渗墙。开槽设备有抓斗、射水、锯槽及气举反循环四类，灌注混凝土工艺基本相同。

抓斗工法按工作原理划分，抓斗斗体可分液压式和机械式两种，液压式在土、砂地层中工效较高，而机械式可进行冲抓作业，较适用卵石和软岩地层。薄型抓斗成墙最大深度可达40m。因采取Ⅰ序槽、Ⅱ序槽的施工程序，接缝质量将直接影响造墙质量。

射水工法最大深度可达30m，其成型槽孔厚为22～45cm。射水法通常适用于砂层及含砾较少且粒径不大的砂砾石层。

锯槽工法可实现真正的连续开槽，成槽质量好，浇筑混凝土时隔离方法有刚性隔离及土工布袋隔离两种。锯槽法墙深一般在25m以内，墙厚0.22～0.4m。

气举反循环工法所用设备的主要部分由喷导管及以该管为导向滑道的一对潜水钻（或冲击钻）组成。气举反循环工法也可实现真正的连续成槽，且适用砂卵石等多种地层。

（2）深层搅拌工法与开槽置换工法不同，在搅头刀具快速旋转的条件下，土体在原处被破坏、粉碎并与注入水泥浆混合搅匀形成具有较低渗透性的水泥土。

深层搅拌工法造墙深度一般控制在13～15m，墙厚15～20cm，最大墙深达22m，厚20～30cm。深层搅拌法的优点是造价低、设备轻便，对深度小于20m的防渗墙具有较强的竞争力；缺点是对复杂地层的适应能力较差。

（3）振动挤压工法就是在振动锤的击打下将板桩或模板挤压到土体中，起拔时形成空间并同时注入浆体（水泥浆、砂浆或其他防渗材料）。板桩灌注墙、超薄防渗墙、振动沉模板、振切均属此类。挤压法的墙厚较薄，一般为15cm，而超薄防渗墙厚仅7.5cm。

### 3.1.4 护岸工程新材料、新工艺应用

#### 3.1.4.1 混凝土铰链预制块沉排护岸

混凝土铰链预制块沉排护岸的整体性较强，基本能适应河床变形，但前沿冲刷严重会影响铰链沉排的稳定性。当铰链沉排中混凝土块之间间距较大时，为了提高铰链沉排的护岸效果及稳定性，加土工布垫层，且在前沿加抛块石镇脚。当铰链沉排中混凝土块之间间距小于 8cm 时，可不设土工布垫层。

#### 3.1.4.2 模袋混凝土护岸

模袋混凝土护岸的整体性较强，但适应河床变形能力差。在前沿冲刷严重情况下，易使其折断和滑移，从而严重影响护岸效果。为改善护岸效果，应在前沿加抛块石镇脚。对于河床冲淤幅度较大地段的护岸工程水下部分，不宜采用模袋混凝土护岸。

#### 3.1.4.3 土工布软体排护岸

土工布软体排护岸效果较好，一方面土工布垫层对河岸泥沙起到反滤作用，另一方面土工布垫层能抑制河岸变形，增强护岸工程的整体性。

## 3.2 淮河临淮岗洪水控制工程

### 3.2.1 工程概况

临淮岗洪水控制工程位于淮河干流中游王家坝与正阳关之间。安徽省霍邱、颍上、阜南三县境内，是控制淮河干流中游洪水的战略性骨干工程，它与上游的山谷水库、中游的行蓄洪区、淮北大堤及茨淮新河、怀洪新河共同构成淮河中游综合防洪体系，其保护对象是淮干正阳关以下淮北平原和沿淮重要工矿城市。工程的主要任务是当淮河上中游发生 50 年一遇以上洪水时，配合现有上游水库、中游行蓄洪区和河道堤防，调蓄洪水，削减洪峰，使淮河中游防洪标准由不足 50 年一遇提高到 100 年一遇。临淮岗洪水控制工程坝址以上流域面积 42160km$^2$，遇 100 年一遇洪水，可减少 1290km$^2$ 的淹没面积，一次性防洪减灾效益 306 亿元（1998 年价格），是工程投资的 10 多倍，为京沪铁路、京九铁路、多条高速公路、煤矿、电厂、城市、600 多万亩耕地及 1000 多万人口提供安全保障。在中小洪水及平常情况下开闸泄水，保证上下游正常的防洪安全、用水需要。

临淮岗洪水控制工程为Ⅰ等大（1）型工程，正常运用洪水标准为 100 年一遇，相应的坝上设计洪水位 28.41m，滞洪库容 85.6 亿立方米，下泄流量 7362m$^3$/s；校核洪水标准为 1000 年一遇，坝上校核洪水位 29.49m，滞洪库容 121.3 亿立方米，下泄流量 17965 m$^3$/s。

临淮岗洪水控制工程包括主体工程、占地拆迁及移民安置工程、河南省淹没影响处理工程和安徽省淹没影响处理工程。其中主体工程建设内容包括加固并延伸主坝 8.55km、

南北副坝土坝共68.97km，加固改建副坝穿坝建筑物52座，加固改建49孔浅孔闸，新建12孔深孔闸、14孔姜唐湖进洪闸、500t级临淮岗船闸，加固原船闸下闸首（100t级城西湖船闸），新建封闭堤，扩挖上下游引河14.38km等。

临淮岗洪水控制工程是至今淮河上最大的水利枢纽工程，国家"十五"计划重点项目和治淮十九项骨干工程之一，工程拆迁人口25635人，工程永久占地1.92万亩，临时占地1.74万亩，初步设计批复概算总投资22.67亿元。

## 3.2.2　工程布置

临淮岗洪水控制工程从右岸至左岸布置南副坝、临淮岗船闸、城西湖船闸下闸首、深孔闸、上下游引河、49孔浅孔闸、主坝、姜唐湖进洪闸及北副坝等建筑物。主要水工建筑物布置如下。

### 3.2.2.1　主坝

主坝（见图3-1）位于霍邱县和颍上县境内，全长8.55km，净长7.02km，其中加固部分净长3.90km，新建部分净长3.12km，自城西湖船闸向北至颍上县陈巷孜接北副坝，主坝上由南向北依次布置有城西湖船闸下闸首、12孔深孔闸、49孔浅孔闸、姜唐湖进洪闸五座建筑物。主坝坝型为碾压式均质土坝，坝顶高程31.60m，最大坝高21.0m，坡比1：2.5～1：3.0，上、下游在27.60m高程各设2.0m宽马道；坝顶宽度10.0m，上设1.2m高混凝土防浪墙及7.6m宽混凝土路面；上、下游坡面采用150mm、220mm及240mm的开孔垂直连锁式混凝土预制块护面。

图3-1　主坝护坡

### 3.2.2.2　副坝

副坝分为南、北副坝，采用碾压式均质土坝坝型。南副坝位于霍邱县境内，自城西湖船闸向南至大莫店，全长8.41km。北副坝自陈巷孜起沿半岗保庄圩堤及古城保庄圩、润赵段保庄圩的沿岗堤，经润河集穿陶坝孜闸，沿南润段北堤至南照集、黄岗转向北，经狗刺园至杨庄转向西至张集闸，全长60.56km。南、北副坝坝顶高程32.11～32.85m，坝顶宽度6.0～8.0m，坝顶设混凝土防汛道路，最大坝高分别为11.0m及12.0m。

南、北副坝沿线共重建、新建、加固建筑物52座。

### 3.2.2.3　49孔浅孔闸

加固后的浅孔闸（见图3-2），闸底板顶高程由原20.1m抬高为20.5m；闸墩厚度由1.6m增加为1.8m，相应闸孔孔径由10.0m变为9.8m，开敞式闸室结构、底板分缝，闸室总宽 566.6m，设双扉平面钢闸门及 $QP_Z$×160kN－12.5m（两台）启闭机。拆建公路桥总宽由原来的 8.0m 加宽为 9.0m，桥面高程 31.60m。新建工作桥宽 6.0m，顶高程 37.40m，工作桥上布置轻型钢结构启闭机房，房顶高程 40.90m。新建检修桥宽 1.2m，顶高程 31.60m。新建桥头堡位于闸两侧岸墙外，均为三层。

图 3－2　49 孔浅孔闸

#### 3.2.2.4　姜唐湖进洪闸

姜唐湖进洪闸（见图 3－3）布置在主坝姜唐湖段中部。闸上游为何家圩，下游为姜唐湖蓄（行）洪区，设计进洪流量 2400$m^3$/s。闸室采用钢筋混凝土开敞式结构，整体式平底板，两孔一联，底板厚 2.0m，顶高程 19.70m，共 14 孔，每孔净宽 12.0m，中墩厚 1.5m，缝边墩厚 1.3m，顺水流向长 24.0m，垂直水流向宽 196.82m。上游铺盖及护底总长 40.0m，下游消能防冲段总长 112.0m。闸室顶部布置有人行便桥、启闭机房、公路桥等，闸室两侧布置桥头堡。工作闸门采用弧形钢闸门，尺寸 12.0m×7.92m，弧门半径 10.0m，配 QHJ－2×225kN－12m 弧门卷扬式启闭机。

图 3－3　姜唐湖进洪闸

#### 3.2.2.5　深孔闸

新建深孔闸（见图 3－4）位于临淮岗浅孔闸与现有深孔闸之间，与浅孔闸相距约

746m，共12孔，单孔净宽8.0m，开敞式闸室结构，三孔一联，中间设3.4m宽的分流岛，闸室顺水流方向长18.0m，总宽115.8m，底板顶高程14.90m，中层设隔梁，梁顶高程25.10m，顶部现浇公路桥、检修桥，公路桥桥面高程31.60m，闸室为钢筋混凝土结构，筏式底板，实体墩，上设钢筋混凝土排架、工作桥及启闭机房等，闸室两侧设桥头堡。上游铺盖及护底总长55.0m，下游消能防冲段总长75.0m。深孔闸每孔设一扇平面钢闸门，配QPQ-2×200kN卷扬式启闭机。

图3-4 深孔闸

#### 3.2.2.6 上、下游引河

引河开挖全长14.39m，上引河长3.71km，下引河长10.68km，上引河河底高程14.90m，下引河河底高程14.90～14.10m，河底比降为0.7/10000，主槽河底宽160m，边坡1∶4，扩挖后的引河能满足7000$m^3$/s的设计泄洪要求。

#### 3.2.2.7 临淮岗船闸

按临淮岗枢纽工程总体布置，将原有深孔闸拆除，在此位置新建临淮岗船闸，通航标准为500t级，闸室净宽12.0m，闸室长130.0m，为V形坞式结构，底板顶高程14.80m，边墙顶高程28.50m，下闸首为整体箱式结构，人字钢闸门，短输水廊道。下游侧设公路桥，桥面宽度10.0m，上、下闸首两侧设桥头堡。

#### 3.2.2.8 城西湖船闸

城西湖船闸1958年作为临淮岗船闸（500t级）开工修建，1962年临淮岗工程停建后，1967年将其改建为城西湖船闸，其上闸首位于临淮岗主坝上，加固后通航标准为100t级，闸室净宽8.0m，闸室长度108.65m，底板顶高程15.40m，边墙顶高程27.00m。上闸首中部布置上、下双扉钢闸门，两侧布置桥头堡。

### 3.2.3 工程施工

临淮岗洪水控制工程主要工程量为：土方开挖1361万立方米，土方填筑1536万立方米，砌石83.4万立方米，混凝土及钢筋混凝土24.6万立方米，金属结构安装 3810.4t。

临淮岗洪水控制工程规模较大，施工场区连绵 70km，故施工总布置的原则以分散为主，集中为辅，充分利用当地金融、邮政、商业、供电、机修等条件为工程生产生活服务，并尽量减少占用耕地。各施工工厂设施就近布置在各个施工点附近。

工程施工导流方式为分期分段导流，一期导流除 49 孔闸的围堰导流标准取非汛期洪峰流量 3210m³/s 外，其余均为全年 10 年一遇洪水，相应洪峰流量 7510m³/s。一期导流时段自第一年汛后至第三年汛前，共有 5 段围堰，即加固船闸段、10 孔深孔闸段、新建深孔闸段、49 孔浅孔闸段、姜唐湖进洪闸段。二期导流利用已建好的深孔闸和浅孔闸泄洪。导流标准为 11 月至次年 5 月按 10 年一遇洪水，洪峰流量 2820m³/s。

工程原计划于 2004 年 11 月上旬截流，其 5 年一遇旬平均流量为 323m³/s（见图 3-5）。2003 年 11 月 23 日淮河提前一年实施截流，截流施工时淮河水位居高不下，实际流量大于设计流量的 21%，经测算，截流时最大流速超过 6m/s，截流后水位落差高达 3.7m。针对上述情况，参建单位研究制定了“单戗堤、单向进占、定位沉船、双向合龙”的截流方案，确保了截流戗堤的稳定、安全，成功实现了淮河截流。

图 3-5 工程施工截流

临淮岗工程于 2001 年 12 月 2 日开工建设（见图 3-6）。2007 年 6 月 20 日，工程通过竣工验收。临淮岗工程经历了 2003 年和 2007 年两次淮河大洪水的考验，发挥了十分显著的防洪效益。该工程荣获 2007 年度国家优质工程奖——“鲁班奖”。

图 3-6 工程鸟瞰图

## 3.3 嫩江尼尔基水库工程

### 3.3.1 工程概况

尼尔基水利枢纽是嫩江干流上第一座控制性水利工程，枢纽位于嫩江干流的中游，左岸为内蒙古自治区莫力达瓦达斡尔族自治旗尼尔基镇，右岸为黑龙江省讷河市二克浅乡。

坝址以上流域面积 66382$km^2$，年径流量 104.7 亿立方米。水库正常蓄水位为 216.00m，设计及校核洪水位分别为 218.15m 和 219.90m，水库总库容 86.1 亿立方米。

尼尔基水利枢纽地处寒温带季风气候区，冬季寒冷干燥，长达半年，夏季炎热多雨，多年平均气温 1.5℃，极端最低气温－40.4℃，极端最高气温 39.5℃。坝址两岸山体低缓，河谷宽阔，呈不对称的 U 形谷，谷底宽约 1770m，嫩江主流靠右岸。在河床中部为埋藏谷，上覆以沙砾石为主的冲积层，厚度 20～40m，埋藏谷两侧分布有掩埋基座阶地，上覆沙砾石层，主河谷基岩以花岗闪长岩为主。左岸为 2 级侵蚀堆积阶地，以黄土状土壤土、黏土为主，基岩以花岗片麻岩、花岗闪长岩和花岗岩为主。右岸为低矮的环形白土山台地，上覆冲洪积层，主要为黏土、粉质黏土，基岩由变质杂岩和花岗岩组成。枢纽区地震基本烈度为 6 度，大坝按 7 度设防。

尼尔基水利枢纽工程于 2001 年 6 月开始导流明渠施工，同年 11 月 8 日河床截流。

### 3.3.2 工程布置

尼尔基水利枢纽由拦河主坝、左右岸副坝、右岸岸坡开敞式溢洪道、右岸河床式电站及两岸灌溉输水洞（管）组成。

#### 3.3.2.1 拦河主坝

拦河主坝为沥青混凝土心墙壁砂砾石坝，最大坝高 41.5m，坝顶高程 221m，坝顶宽 8m，坝顶长 1658.31m。坝的上下游面均采用二级坡，在高程 205m 设一戗道，上游坝坡均为 1∶2.2，下游坝坡戗道以上为 1∶1.9，戗道以下为 1∶2。坝顶设 L 形混凝土防浪墙，下游侧设 1.5m 高的混凝土挡墙。

主坝坝壳料以砂砾石为主。料场砂砾石料最大粒径 60mm；40～60mm 的砾石含量一般在 1%～5%；5～20mm 的细砾石含量偏少，一般在 10%以下；小于 5mm 含量一般在 25%～50%。

坝壳砂砾石填筑压实设计标准为：$D_r \geqslant 0.80$℃，$C_u > 15$，小于 5mm 颗粒含量不大于 40%，小于 0.1mm 颗粒含量不大于 3%，含水率小于 5%，$\gamma_d = 2.15 t/m^3$，铺层厚 0.5m，13.5t 振动碾碾压 8 遍。

心墙两侧各设 3m 厚砂砾石过渡带，过渡带采用料与坝壳砂砾石料相同，仅在心墙附近剔除 5cm 以上的大颗粒。铺层厚小于 0.25，$\gamma_d = 2.10 t/m^3$，中型振动碾先静碾 2 遍，后振碾 8 遍。

主坝与厂房及左副坝连接段采用堆石料填筑，来源于溢洪道和厂房等开挖处的强风化中下部以下岩石。设计标准为：$C_u>15$，$D_{max}=60cm$，小于5mm的颗粒含量为10%～15%，小于0.1mm的颗粒含量不大于3%。$\gamma_d=2.15t/m^3$，铺层厚0.8m，13.5t振动碾碾压8遍，加水10%。

由于当地大块石料短缺，上游坝面192～216.75m范围的护坡形式，由原干砌石改为混凝土板，垂直厚度0.3m，其下设厚0.3m碎石垫层。高程216.75m以上采用现浇台阶式护坡，台阶垂直高0.25m，水平宽0.55m，下设碎石垫层，厚0.3m。混凝土台阶式护坡与坝顶的水平栅栏板、防浪墙上的压浪板共同构成消浪设施，通过大连理工大学模型试验验证，其糙率大、消浪效果好、可以使浪花向库里反溅，且美观、易于施工，可以降低坝高0.91m。此种结构在水库工程上首次采用。

#### 3.3.2.2　沥青混凝土心墙

主坝防渗体以碾压式沥青混凝土心墙为主，需要在一个冬季枯水期进行抢筑，在一期导流明渠段（长约250m），采用了可在寒冷季节施工的浇筑式沥青混凝土心墙。

沥青混凝土心墙中心线位于坝轴线上游，距坝轴线2m。碾压式沥青混凝土心墙厚度在高程200m以下为0.7m，以上为0.5m，心墙顶高程为218.5m，高于设计洪水位(218.15m)。浇筑式沥青混凝土心墙采用复合结构，主心墙为浇筑式沥青混凝土，高程200m以下厚0.4m，以上厚0.3m；副心墙设在主心墙上下游两侧，各厚0.15m，为沥青砂浆砌筑塑性混凝土预制块。

沥青混凝土心墙与基础混凝土防渗墙采用混凝土底座连接，即在混凝土防渗墙顶部设2.0m×2.4m的混凝土底座，加厚的沥青混凝土心墙作用在底座上。沥青心墙与底座及防浪墙之间接触面上均设砂质沥青玛琋脂层和止水铜片。沥青混凝土心墙、混凝土底座、混凝土防渗墙连同基岩防渗帷幕，形成一道整体防渗帷幕。

导流明渠段浇筑式沥青混凝土心墙施工时，将先期形成的碾压式沥青混凝土心墙斜面进行处理，使之能与浇筑式沥青混凝土心墙完好连接。碾压式沥青混凝土心墙从50～70cm加宽到80～100cm，浇筑式沥青心墙直接浇筑在扩大的碾压式沥青混凝土心墙斜面上。

#### 3.3.2.3　坝基处理

主坝坝基砂砾石层20～40m，采用混凝土防渗墙防渗，墙厚0.8m，最大槽孔深度为38.50m，防渗墙混凝土设计强度为$R_{28}=18MPa$，底部嵌入基岩1m，顶部通过混凝土底座与沥青混凝土心墙相接。

两岸基岩进行帷幕灌浆，灌入5Lu线下2m，单排孔孔距2m，在一期导流明渠段主帷幕下增设一排辅助帷幕，孔距2m，孔深5m。

#### 3.3.2.4　工程监测

各监测断面主要设置在最大坝高处、导流明渠段、主河槽处、不同填筑料接合处及地质地形条件复杂处。内部变形监测兼顾外部变形监测，通过设置竖向固定测斜仪及水平固定测斜仪，监测沥青混凝土防渗心墙、坝体及基础混凝土防渗墙的水平位移及垂直位移，结合土位移计监测心墙下游坝体水平位移。通过竖向固定测斜仪锚固在基础一定深度，水平向固定测斜仪与外部联系水准点结合布置，监测坝体及基础的水平及垂直的绝对位移。

不同坝型及防渗体接合部位布设测缝计；混凝土防渗墙布设一个剖面，沿不同高程布设混凝土应变计、无应力计。

主坝渗流监测选5个剖面。在沥青混凝土心墙下游侧的L形排水体内布设渗压计，渗压计的布设形式也按L形。为了监测混凝土防渗墙的防渗效果，选取一个剖面，在混凝土防渗墙的下游侧，沿不同高程布设一组渗压计，并在其下游侧，沿不同高程也布设一组渗压计，监测基础渗流情况。在不同防渗体接合部位布设一定数量的渗压计，监测各接合部位的渗漏情况。

由于本工程坝基覆盖层深厚，采用在坝下游河床中布设测压管进行渗漏量监测，通过监测测压管内水位的变化借以推求渗漏量。

## 3.3.3 工程特点

### 3.3.3.1 设计

尼尔基主坝防渗形式采用碾压式和浇筑式两种沥青混凝土心墙，以适应寒冷地区冬季施工的要求；筑坝砂砾石最大粒径为60mm，小于5mm的细粒含量一般在25%～50%，坝料偏细，为此坝体内设L形条带式碎石排水体，同时通过现场碾压试验，合理选定了设计参数和施工控制指标。

正常蓄水位以上上游坝坡采用现浇混凝土台阶式护坡，与坝顶的水平栅栏板、防浪墙上的压浪板共同构成消浪设施，其糙率大，消浪效果好，可降低坝高，此种结构在水库工程上首次采用。

### 3.3.3.2 施工导流及度汛

主坝（含厂房）施工采用两期导流方式，一期由布置在左岸的导流明渠过流，二期由布置在电站厂房安装间下的导流底孔过流。一期导流标准为大汛10年重现期洪水，相应流量为4880m³/s，一期导流建筑物包括围堰和导流明渠。围堰为土石结构形式，筑堰材料主要为砂砾石料和开挖弃渣土石料，采用黏土斜墙防渗，堰基采用高喷墙防渗。导流明渠底宽190m，流速约3～7m/s，采用钢筋石笼和铅丝石笼防护。明渠设有防护结构部位的外测周边设置了链槽铺塑防渗体，以保证能在旱地施工。二期导流标准采用截流时段标准，为汛后5年重现期洪水，相应流量为534m³/s，二期导流建筑物包括二期土石围堰和临时导流底孔，堰体为堆石，黏土斜墙防渗，基础采用高喷灌浆防渗，两个导流底孔尺寸均为8m×8m。

坝体临时度汛在一期导流期间为大汛100年重现期洪水，相应流量为9880m³/s；第二年汛前，非导流明渠段坝体填筑到高程195.13m；二期导流期间为春汛期200年重现期洪水，相应流量为4400m³/s，要求导流明渠段坝体在第5年春汛前填筑高程207.82m。

### 3.3.3.3 主坝施工

坝壳料取自天然砂砾石料场和溢洪道、厂房等开挖石料，砂砾石料用5m³装载机装，

32t 卸汽车运料，堆石料用 $4m^3$ 挖掘机挖装，45t 自卸汽车运料，上坝卸料后用推土机摊铺。国产 13.5t 自行式振动碾碾压，国产牵引式 10t 振动碾对上游坡面碾压，M10 砂浆固坡。碾压式沥青混凝土施工采用 10t 保温车，自拌和楼运至现场，卸入装载机，由装载机卸至摊铺机内入仓摊铺，振动碾压实。

## 3.4 山东济平干渠工程

### 3.4.1 工程概况

济平干渠工程是南水北调东线向胶东供水东平湖—济南段输水渠道工程。济平干渠的工程任务是从东平湖引水，向东连接胶东输水干线及其他输、蓄水工程，向济南、淄博、潍坊、青岛、滨州、东营、烟台、威海 8 座城市供水。供水目标以解决城市生活和工业用水为主，兼顾生态环境及部分高效农业用水。在南水北调东线长江水调到东平湖以前，可引东平湖当地水至济南，缓解市区供水紧张局面；待南水北调东线第一期工程建成后，长江水将作为向胶东城市供水的稳定水源。工程规模为：设计流量 $50m^3/s$，加大流量 $60m^3/s$。

东平湖至济南段输水渠道长 89.79km，因是在原济平干渠基础上进行扩挖，故称为济平干渠工程。该工程既是南水北调东线第一期工程的单项工程之一，又是山东省胶东输水干线的首段工程。

其中利用现有济平干渠扩挖段长 42.11km，新辟渠道长 46.93km，扩挖小清河长 0.75km。沿途需穿 8 条较大河流，穿越 6 处山口与高地，穿过 4 处洼地。

济平干渠采用明渠自流输水，输水明渠与现有河渠的交叉均采用立交方式。

全线采用梯形明渠全断面衬砌输水断面，河道衬砌边坡 1∶1.5～1∶2.5；设计水深一般为 3.0m。

渠道衬砌考虑抗渗、抗冻胀、排水减压设计。抗渗措施主要为，土质渠床采用混凝土预制板加复合土工膜泡沫板；岩基渠床采用 C15 混凝土找平加喷 0.01m 厚 M30 聚合物砂浆；渠床局部为岩基段采用 C15 混凝土找平加复合土工膜加 0.06m 厚 C20 预制混凝土板。防冻胀措施采用全断面铺设聚苯乙烯泡沫板，渠坡厚度为 2～4cm，渠底保温层厚度为 3cm。排水减压采用暗管——逆止式集水箱排水降低渠床地下水位。

### 3.4.2 工程施工

济平干渠主要项目如输水渠、排涝泵站、跨渠桥梁、渡槽、水闸等均为陆地施工，一般不需要考虑施工导流。渠首进水闸和输水渠穿越较大河流的 10 座倒虹工程需考虑施工期的围堰和导流，施工导流建筑物为 4 级，导流标准为 10 年一遇。

渠道土方开挖采用 2.5～$2.75m^3$ 拖式铲运机挖运，排水沟开挖采用 $1.0m^3$ 反铲挖掘机开挖，74kW 推土机推运筑堤，远距离调土采用 8t 自卸汽车。筑堤采用轮胎碾或拖拉机压实，74kW 推土机整平及削坡。

石方开挖采用人工手持风钻打孔，人工装药，电雷管爆破。预裂爆破采用钻机钻孔，人工装药，电雷管爆破。弃渣采用 1.0m$^3$ 装载机装渣，5t 自卸汽车运输。

混凝土及钢筋混凝土施工，各建筑物工程由于混凝土浇筑量较少，就近设置混凝土拌制系统。采用移动式 JS500 型搅拌机拌制混凝土，采用胶轮车和卷扬机运输。入仓后的混凝土采用插入式或平板式振捣器捣实。

济平干渠推广使用了机械化衬砌施工技术。随着大型调水工程的兴起，大断面渠道衬砌技术和施工设备也随之发展起来。一般有预制板衬砌和现浇混凝土衬砌两种方式。由于采用预制板衬砌存在砌缝砂浆开裂、缝内杂草丛生、衬砌体易失稳破坏等缺点，所以大断面渠道一般都采用现浇混凝土衬砌。为此，在济平干渠实际施工中，采用了人工现浇混凝土衬砌和推广机械化衬砌施工技术。使混凝土的均匀性、外观平整度明显改善，施工效率大大提高，确保了衬砌工程质量，工程实施效果见图 3-7。

图 3-7 山东济平干渠工程实施效果图

## 3.5 埃及阿斯旺水利枢纽工程

### 3.5.1 工程概况

阿斯旺水利枢纽（Aswan Project）是位于埃及尼罗河上的一座大型水电工程。阿斯旺高坝位于开罗以南约 800km 的阿斯旺城附近，距下游老阿斯旺坝 7km（见图 3-8）。

阿斯旺高坝坝基为花岗片麻岩。河床覆盖层很厚，最深处达 225m。修建高坝后，形成长 500km、面积 6751km$^2$ 的水库，在埃及境内长 350km，称纳赛尔湖；在苏丹境内长 150km，称努比亚湖。最高库水位 183m 时，水库总库容 1689 亿立方米，有效库容 900 亿立方米，可进行多年调节，并可拦蓄上游来沙。

大坝为黏土心墙堆石坝（见图 3-9），最大坝高 111m，坝顶长 3830m，坝体积 4430 万立方米。水电站布置在右岸，装有 12 台单机容量 17.5 万千瓦的机组，总容量 210 万千瓦。施工时用 6 条直径 15m、长 315m 的隧洞导流，其上游有引水明渠，下游有泄水明渠，明渠全长 1950m，深 80m，最小宽度 40m，可通过 11000m$^3$/s 的流量。施工后期，导流隧洞改建成发电和泄洪共用的引水洞。厂房布置在引水洞末端。每条洞向 2 台机组和

图 3-8　阿斯旺水利枢纽

底部泄洪孔供水。引水明渠和泄水明渠则相应成为电站引水渠和尾水渠。

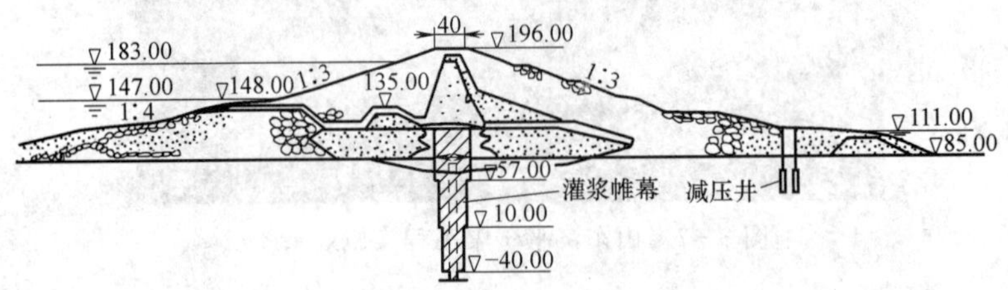


图 3-9　阿斯旺水库土石坝剖面图（单位：m）

坝基防渗帷幕灌浆深约 170m，只达到第三纪不透水层，未达到基岩。帷幕上部宽 40m，共 8 排灌浆孔，下部宽度减少到 5m。两岸灌浆帷幕深 65m。总灌浆面积 $54700m^2$。用黏土、水泥、膨润土以 3～6MPa 的压力灌注，灌浆总量约 67 万立方米。

围堰和坝体下部均在水下直接施工。首先向深水抛投块石 340 万立方米，最高月强度 40 万立方米。然后用水力充填法将砂填入，共用砂 1400 万立方米，最高月强度达 100 万立方米。采用特制的插入式深层振捣器将砂振实。

工程于 1960 年开工，1967 年 10 月开始发电，1971 年全部竣工。

### 3.5.2　工程施工

主体建筑物工程量为：土石方明挖 1400 万立方米，隧洞暗挖 60 万立方米，土石填方 4300 万立方米，浇筑混凝土 115 万立方米，帷幕灌浆总量 26 万平方米。工程最大日进度：土石方开挖每天 2.3 万立方米，浇筑混凝土每天 $4000m^3$，使用劳动力 3.4 万人，其中技工约 1.7 万人。工程总投资约 10 亿美元。

工程采取明渠导流方式，为了尽可能使河床截流和渠道过水时间靠近，以便截流后的一期工程有充分施工时间，要求河床截流与渠道过水同时进行。

为利用老坝水库的调节作用，并使龙口流速尽可能平缓，预先修筑一道水下调节棱体，顶高程 113m，用自卸铁驳在水上抛投块石筑成，是大坝一期工程（河床坝段的前沿挡水棱体）的组成部分，于 1963 年 10 月开始施工。

大坝一期石戗堤预先束窄河床，从两岸采用立堵法向河心进占，并用自卸铁驳向水中抛石。合龙前夕，右岸戗堤进占长度 350m，左岸戗堤进占长度 50m，戗堤龙口宽度为 120m。要完成截流准备工作，必须向龙口抛投块石 123500$m^3$。高程达 121m，龙口范围内戗堤顶宽 35m，龙口流量 1270$m^3$/s，龙口平均流速 0.8m/s。

从 1964 年 5 月 9 日至 13 日晨 6 时，进一步用立堵进占法束窄龙口宽度，并且用驳船协助抛投块石 48190$m^3$，将龙口缩至 80m。当时龙口流量 1150$m^3$/s，平均流速 1.14m/s。

1964 年 5 月 13 日上午 11 时龙口开始截流，5 月 15 日午夜结束，历时 62h。共向龙口抛投 75750$m^3$ 块石，其中从右岸抛投 44760$m^3$，从左岸抛投 21710$m^3$，从自卸驳船抛投 8980$m^3$，最大抛筑强度达 1980$m^3$/h，每昼夜抛筑强度达 31280$m^3$。

当龙口流量 900$m^3$/s、戗堤上下游落差为 0.13m 时，龙口最大平均流速为 2.1m/s。最大落差 0.77m，出现在开始合龙后 12h，通过渠道宣泄的流量增加到 1750$m^3$/s。渠道过水及围堰冲开与河床截流同时进行，为加快围堰冲开速度，在围堰上挖沟埋设少量炸药炸围堰。

坝基防渗采用与心墙连接的上游水平铺盖加心墙下的帷幕灌浆。坝基排水由设于下游坝趾的排水减压井和反滤层组成。灌浆帷幕直抵新第三纪地层顶板，深达 150m；从设于心墙内的灌浆廊道进行灌浆，采用水泥、黏土、膨润土及少量化学剂的混合液在 3～6MPa 的高压下灌入透水地层中，共设 8 排灌浆孔，孔排距皆 5m（在细砂中距离减半）。帷幕厚度自上而下逐渐减薄，由上部的 40m 依次渐减为 30m、20m 和 5m。灌浆总进尺 109000m。帷幕面积 54700 万平方米，灌浆效果良好，使粗砂及细砂覆盖层的渗透系数分别由灌浆前的 $2.5\times10^{-2}$cm/s 和 $6.1\times10^{-3}$cm/s 减至灌浆后的 $2.3\times10^{-4}$cm/s 和 $3.6\times10^{-4}$cm/s。1965 年 9 月开始帷幕灌浆，部分帷幕从底层廊道灌注。1960 年 3 月从已填筑到高于河床 73m 的心墙顶进行河床全面帷幕灌浆，至 1968 年基本完成。1969 年又从廊道灌浆，1970 年进行检查。

施工时不对围堰基坑抽水，而是在深水中直接填筑堆石坝，使施工大为简化。大坝心墙黏土采用重型羊足碾碾压，心墙以外的透水坝体：水上用石料填筑，水下抛石灌砂，或水下填砂再在浮筒上以振捣器施行水下震实，其干容重分别达 2t/$m^3$ 及 1.65t/$m^3$。共计向深水抛投块石 340 万立方米，最高月强度 40 万立方米，共用砂 1400 万立方米，最高月强度达 100 万立方米。

高坝在黏土心墙内布置灌浆和观测廊道是大胆创新之举。廊道净宽 3.5m，高 5m，为钢筋混凝土结构，厚 1.2m，每段长 40m，段与段之间的接头能适应不均匀沉降。廊道沉降量不大，漏水量不多。

### 3.5.3 工程特点

#### 3.5.3.1 工程效益

阿斯旺水利枢纽是集防洪抗旱、灌溉、发电、航道改造于一体的综合利用工程。

水库有410亿立方米的防洪库容，加上容量为1196亿立方米的分洪区（分洪道在上游250km的左岸岸边），可完全控制尼罗河洪水，成功地经受了1964年、1975年和1988年的大洪水。

设计年发电量约100亿千瓦时，1996年8月埃及政府完成了对阿斯旺水电站的现代化改造，使埃及在此后的30年内可获得充足的电力。

每年可引用的水量从原有的520亿立方米提高到740亿立方米。水量中分配给苏丹使用的为185亿立方米，可灌溉农田200万公顷。其余水量分配给埃及，可扩大灌溉面积100万公顷，并使埃及约40万公顷农田由一季灌溉改为常年灌溉。

尼罗河河道和航道水位的稳定，改善了航运，促进了旅游业的发展。

#### 3.5.3.2 环境影响

阿斯旺大坝对生态和环境确有一些正面作用。例如，大坝建成前，随着每年干湿季节的交替，沿河两岸的植被呈周期性的枯荣。水库建成后，水库周围5300～7800km的沙漠沿湖带出现了常年繁盛的植被区，这不仅吸引了许多野生动物，而且有利于稳固湖岸、保持水土，对这个沙漠环绕的水库起了一定的保护作用。

但是，大坝建成后仅20多年，工程的负面作用就逐渐显现出来，并且随着时间的推移，大坝对生态和环境的破坏也日益严重。这些当初未预见到的后果不仅使沿岸流域的生态和环境持续恶化，而且给全国的经济社会发展带来了负面影响。

（1）大坝工程造成了沿河流域可耕地的土质肥力持续下降。

大坝建成前，尼罗河下游地区的农业得益于河水的季节性变化，每年雨季来临时泛滥的河水在耕地上覆盖了大量肥沃的泥沙，周期性地为土壤补充肥力和水分。可是，在大坝建成后，虽然通过引水灌溉可以保证农作物不受干旱威胁，但由于泥沙被阻于库区上游，下游灌区的土地得不到营养补充，为此，埃及政府不得不从国外进口大量化肥，不仅增加了外汇支出和农业成本，而且使土地肥质降低，给农业生产带来许多不利影响。

（2）修建大坝后沿尼罗河两岸出现了土壤盐碱化。

由于河水不再泛滥，也就不再有雨季的大量河水带走土壤中的盐分，而不断的灌溉又使地下水位上升，把深层土壤内的盐分带到地表，再加上灌溉水中的盐分和各种高含量的化学残留物，导致了土壤盐碱化。

（3）库区及水库下游的尼罗河水水质恶化，以河水为生活水源的居民健康受到损害。

大坝完工后水库的水质及物理性质与原来的尼罗河水相比明显变差了，库区水的大量蒸发是水质变化的一个重要原因。据埃及水利部统计，现在阿斯旺水坝每年垂直渗漏60亿立方米，平行渗漏10亿立方米，共渗漏70亿立方米；湖面蒸发损失水量100亿立方米，加上气候大风增加蒸发量40亿立方米，每年蒸发损失达140亿立方米，两项损失共210亿立方米。

另一个原因是，土地肥力下降迫使农民不得不大量使用化肥，化肥的残留部分随灌溉水又回流尼罗河，使河水的氮、磷含量增加，导致河水富营养化，下游河水中植物性浮游生物的平均密度增加，由160mg/l上升到250mg/l。此外，土壤盐碱化导致土壤中的盐分及化学残留物大大增加，即使地下水受到污染，也提高了尼罗河水的含盐量。这些变化不仅对河水中生物的生存和流域的耕地灌溉有明显的影响，而且毒化尼罗河下游居民的饮用水。

(4) 河水性质的改变使水生植物及藻类到处蔓延，不仅蒸发掉大量河水，还堵塞河道灌渠。

由于河水流量受到调节，河水混浊度降低，水质发生变化，导致水生植物大量繁衍。这些水生植物不仅遍布灌溉渠道，还侵入了主河道。它们阻碍着灌渠的有效运行，需要经常性地采用机械或化学方法清理，这样又增加了灌溉系统的维护开支。同时，水生植物还大量蒸腾水分，据埃及灌溉部估计，每年由于水生杂草的蒸腾所损失的水量就达到可灌溉用水的40%。

(5) 尼罗河下游的河床遭受严重侵蚀，尼罗河出海口处海岸线内退。

大坝建成后，尼罗河下游河水的含沙量骤减，水中固态悬浮物由1600ppm降至50ppm，混浊度由30～300mg/l降为15～40mg/l。河水中泥沙量减少，导致了尼罗河下游河床受到侵蚀。大坝建成后的12年中，从阿斯旺到开罗，河床每年平均被侵蚀掉2cm。再加上地中海环流把河口沉积的泥沙冲走，尼罗河三角洲水土流失日益严重，拉希德和杜姆亚特两河的河口每年分别被海水冲刷掉29m和31m，海岸线不断缩进。

## 3.6　安徽淠史杭灌区水利工程

### 3.6.1　工程概况

淠史杭灌区位于安徽省中西部和河南省东南部大别山余脉的丘陵地带，横跨江淮两大流域，是淠河、史河、杭埠河三个毗邻灌区的总称，是以防洪、灌溉为主，兼有水力发电、城市供水、航运和水产养殖等综合功能的特大型水利工程，总面积13130km$^2$，受益范围涉及安徽、河南2省4市17个县区，设计灌溉面积1198万亩，其中安徽省1100万亩，河南省98万亩。灌区骨干工程多建于20世纪60～70年代，80～90年代又陆续进行了部分续建配套建设。目前，安徽省境内主要骨干工程控制灌溉面积1100万亩，有效灌溉面积为1026万亩，年均实际灌溉面积（灌溉保证率70%以上）860万多亩。灌区内共1330万人，是新中国成立后兴建的全国最大灌区，也是全国三个特大型灌区之一。

淠史杭灌区位于江淮分水岭两侧特殊地形和南北气候过渡带的气象条件，使历史上皖西皖中地区水灾频发。在这片饱受水患的土地上，古代先哲们虽然创造了中国最古老的蓄水灌溉工程之一芍陂（今安丰塘）等，但并没有改变江淮分水岭地区十年九灾的历史。新中国成立后，国家陆续兴建了拦蓄大别山区洪水的佛子岭、梅山、磨子潭、响洪甸、龙河口五大水库。以此为主水源，建成了灌溉1000万亩的特大型淠史杭灌区。从1958开工兴建至1972年基本建成通水，历时14年，建起了纵横皖西、横贯皖中的庞大灌溉系统。截止2003年，工程累计完成投资13.97亿元。

淠史杭灌区以宏伟的灌排体系著称于世。提供灌区主要水源的佛子岭、磨子潭、响洪甸、梅山、龙河口五大水库群，汇集大别山区6352km$^2$的来水，总库容66.21亿立方米；淠河灌区的横排头、史河灌区的红石嘴和杭埠河灌区的梅岭、牛角冲为三大渠首枢纽工程，设计引水能力共605m$^3$/s；灌区渠网纵横，七级固定渠道总长2.5万公里，各类水工建筑物6万余座，库塘堰坝21万余座，中小型水库1200余座，加上灌区的382座抽水站，39处外水补给站，众位一体联合运用，形成了蓄、引、提并举《长藤结瓜》式的灌溉网络，灌区80%以上农田实现自流灌溉。

## 3.6.2 渠首工程

### 3.6.2.1 横排头枢纽工程

淠河灌区渠首枢纽工程位于六安县苏埠镇南5km的横排头，由总干渠进水闸、冲沙闸、溢流坝、土坝、分流岛、导堤和船闸组成，其枢纽工程示意图见图3-10。水工建筑物按Ⅱ级标准设计；防洪标准按100年一遇洪水设计，500年一遇洪水校核。土坝长610m，坝顶高程57m，宽6m。坝体前半部由砂质壤土组成，后半部由砂组成，平台以上有干砌块石护面；溢流坝为砂心钢筋混凝土壳滚水坝，长500m。坝顶呈圆弧形，高程为52.75m，坝底宽26.95m，坝的净高为7.75m；土坝与溢流坝连接处有弧形导堤，弧弦长260m；冲沙闸有4孔，每孔净宽5m、高3.3m，按0.8m/s的冲沙流速要求，设计过水流量为320m³/s。进水闸有5孔，每孔净宽5m、高6.6m。设计引水流量为300m³/s。两闸均为重力开敞式结构。船闸按六级航运建筑物标准设计，可通航百吨级船只。闸室长100m，宽12m。冲沙闸与溢流坝之间筑一分流岛，宽30m、长100m。

图3-10 横排头枢纽工程

### 3.6.2.2 红石嘴水利枢纽工程

红石嘴水利枢纽工程位于梅山水库下游9km处的史河上，为史河灌区总干渠和河南省梅山灌区南干渠的渠首，主要功能是引用梅山水库的水向下游的河南固始县，安徽六安市的霍邱县、金寨县、裕安区、叶集试验区等383万亩的农田灌溉，其中灌溉金寨县4.1万亩。水利枢纽同时还有防洪作用，是治淮工程重要组成部分。该枢纽工程由溢流坝、史河总干渠进水闸、冲沙闸、南干渠进水闸等组成，其枢纽工程布置见图3-11。

总干渠进水闸为浆砌条石开敞式结构，进水闸设计流量145m³/s，8孔，单孔宽3.5m；闸前护担高出上游引河河底2m，可起拦沙作用；冲沙闸亦用条石浆砌而成，4孔，单孔宽5m，设计流量为320m³/s，闸上设计水位69.5m，闸下设计水位65.5m；溢流坝长446m，坝底宽22.09m，按200年一遇洪水标准校核，过坝流量为4000m³/s。

图 3-11　红石嘴水利枢纽工程

南干渠进水闸位于溢流坝左端，开敞式圬工结构，3 孔，每孔净宽 2.1m。设计进水流量 45m³/s。

### 3.6.3　总干渠工程

#### 3.6.3.1　淠河总干渠

淠河总干渠西起横排头渠首，东至新民坝渠尾，控制面积 1150km²。设计灌溉 90.9 万亩，其中自流灌溉 58.6 万亩，提水灌溉 32.3 万亩。自流灌区与提水灌区大体上以总干渠为界，自流在左，提水在右。

总干渠全长 104.5km，渠底宽 60～30m，设计水深 5～4.2m。直接从总干渠引水的有小蜀山分干渠 1 条，从分干渠引水的支渠有 2 条，直接从总干渠引水的支渠有 11 条。

总干渠有下切 10m 以上深切岭 19 处，总长 21237m；有填高 10m 以上的高填方 7 处，总长 8849m。其中樊通桥切岭长 1480m，最大切深 13.9m。

总干渠上有分水闸、涵 133 座，节制闸 1 座、泄水闸 7 座，渠下涵 12 座，渡槽 1 座，桥梁 9 座，船闸 3 座，水电站 1 座。

利用淠河总干渠，还开辟了横排头—将军岭—淮南铁路双墩集站和横排头—六安—寿县—淮河两条通行 100t 级船只的人工渠化航道。

#### 3.6.3.2　史河总干渠

史河总干渠自红石嘴渠首进水闸起，全程为 42km。设计灌溉面积 285 万亩，总干渠直灌面积为 19 万亩。史河总干渠渠首设计流量 145m³/s，总干渠上有节制闸 2 座，干渠分水闸 3 座，支渠以下分水闸 49 座，泄水闸 3 座，渠下涵 7 座，桥梁 14 座。

总干渠沿线地形复杂，切深 14.6～25.6m 的深切岭有 3 处；填高 10m 以上的高填方工程有 8 处。平岗切岭是淠史杭灌区最大的切岭工程，全长 3km，最大切深 25.6m。

#### 3.6.3.3 杭埠河灌区干渠

杭埠河灌区由舒庐干渠和杭北干渠两大渠系构成。

1. 舒庐干渠

舒庐干渠灌区西起龙河口水库溢洪道，北迄杭埠河，东濒巢湖，东南缘于莱子湖和白荡湖流域。控制面积 1240.3$km^2$。设计灌溉面积为 100.5 万亩，近期 82 万亩。干渠全长 78.2km。渠底宽 20～10m，设计流量 55～18$m^3/s$。渠系布置根据地势倾斜的特点，采用高渠线的输水位，以扩大自流灌溉面积。10m 以上深切岭有 12 处。

2. 杭北干渠

杭北干渠位于杭埠河北。控制面积 613.6$km^2$。设计灌溉面积为 54.6 万亩。

干渠全长 68.90km，渠底宽 30～3m，水深 4～2m。设计流量 50～25$m^3/s$。

渠道上 10m 以上深切岭有长岗、老虎岗、粉坊、雷小岭等渠段，其中以雷小岭渠段工程最为艰巨，渠段长 2400m，最大切深为 19m。10m 以上高填方有腊子山、白洋畈、老虎冲等渠段，其中白洋畈填方工程量最大，长 600m，填高 12m。

### 3.6.4 水库工程

#### 3.6.4.1 佛子岭水库

佛子岭水库（见图 3－12）是新中国成立初期我国自行设计具有当时国际先进水平的大型连拱坝水库，以防洪为主，控制淠河洪水，削减洪峰，减轻淮河中下游洪水负担，结合灌溉、发电、航运。

图 3－12　佛子岭水库

水库位于淮河支流淠河东源上游，属大（2）型水库，实际控制面积 1270$km^2$。水库总库容 4.96 亿立方米，相应洪水位 130m，汛期兴利库容 1.2 亿立方米，死库容 1.25 亿立方米，防洪标准为千年一遇。

水库枢纽工程由拦河坝、溢洪道、输水钢管、发电厂四部分组成。

拦河坝为钢筋混凝土连拱坝，东岸端为重力坝，西岸端为平板坝，全长 510m，拱坝段长 413.5m，有 20 个垛和 21 个拱组成。坝顶高程 129.96m；防浪墙顶高程 131.06m；最大坝高 75.9m。

坝内安装输水钢管 9 道，设在 13 号、14 号、15 号垛内的 3 道用于泄洪、灌溉，设计最大洪流量 225m³/s。其余 6 道是发电引水管道。

溢洪道在东岸山凹，露顶式，堰顶高程 112.56m，顶宽 63.6m，6 孔，单孔宽 10.6m，每孔安装双扉滚轮平板钢闸门，最大泄洪量 7540m³/s，100 年一遇溢洪流量 5000m³/s。

### 3.6.4.2　梅山水库

梅山水库（见图 3－13）是继佛子岭水库建成后六安地区境内兴建的第二座连拱坝大型水库。1954 年 3 月动工，1956 年 4 月除隧洞工程外，主体工程基本完成。工程总投资 9268 万元，土方 50 万立方米，石方 1.2 万立方米，混凝土 35.2 万立方米。

图 3－13　梅山水库

水库位于史河上游，坝址在金寨县梅山镇大小梅山之间。库区流域面积 1970km²，占史河全流域面积 6880km² 的 28.6%，总库容 23.37 亿立方米。相应洪水位 140.77m，防洪库容 11.39 亿立方米，兴利库容 7.96 亿立方米，死库容 4.02 亿立方米，汛期限制水位 125.27m，防洪标准万年一遇。枢纽工程由拦河坝、溢洪道、泄洪隧洞、泄水底孔和发电厂房五个部分组成。拦河坝包括连拱坝、重力坝、空心重力坝三个部分，全长 443.5m。中间坝段由 15 个垛、16 个拱组成连拱坝，长 311.5m。东西两端连接重力坝，连同东坝端的空心重力坝共长 132m，坝顶高程 140.17m，防浪墙顶高程 141.27m，最大坝高 88.24m，顶宽 1.8m，防浪墙高 1.1m。溢洪道位于大坝东岸，西接拦河坝，开敞式，全长 101.6m，堰顶净宽 84m，高程 129.87m，分 7 孔，孔宽 12m，最大泄洪量 6140m³/s。泄洪隧洞位于大坝东岸，为马蹄形压力洞，全长 249m，洞径 6.3m，进口底高程 72.70m，最大泄洪量 630m³/s。泄水底孔设在第 9 号拱内为 2.25m 正方形压力洞，进口底高程 66.78m，最大泄洪量 165m³/s。发电厂为坝后式，位于 5～8 号垛后，安装水轮发电机 4 台，总装机容量 4 万千瓦。

### 3.6.4.3　响洪甸水库

响洪甸水库（见图 3－14）位于安徽省六安市金寨县境内，坐落在西淠河上游，是淮河支流西淠河上的一座大型水库，20 世纪 50 年代新中国治理淮河水患的枢纽工程之一，是以防洪灌溉为主，结合发电、城市供水、航运、水产养殖等综合利用的大型水利水电工程。

响洪甸水库枢纽工程由水库大坝、泄洪隧洞、引水隧洞、发电厂四部分组成。

水库大坝是我国自行设计和施工的第一座等半径同圆心混凝土重力拱坝，1956 年 4 月开工建设，1958 年 7 月竣工，同期开始蓄水。坝顶高程为 143.4m，防浪墙顶高程为 144.5m，最大坝高 87.5m，坝顶弧长 367.5m，弦长 307m，坝顶宽 5m，另加挑出部分共

图 3-14 响洪甸水库

为 6m；大坝上游面垂直，下游面自顶向下逐渐加宽，最大底宽 39m，包括扩大部分为 43m；坝体从右向左分为 24 个坝段，坝体内建一条宽 2.25m、高 2.75m 的灌浆廊道，底部高程 73.5m，供排水和观测检查用。响洪甸水库大坝以 500 年一遇洪水标准设计、5000 年一遇洪水标准校核，为一级水工建筑物，设计抗震烈度 8 度。

泄洪隧洞在水库大坝右岸，钢筋混凝土衬砌，洞长 303.90m，直径 7m，进口是喇叭形斜井，进口底高程 93m，最大泄洪流量 618m³/s。

引水隧洞位于大坝和泄洪隧洞之间，基本与泄洪隧洞平行，全长 216.5m，未衬砌，主洞直径 8.7m，进口底高程 97m，末端成四条平行支洞，直径由 3.6m 渐变到 2.8m，接钢管进入发电厂房。

发电厂建于 1958 年 4 月，坝后地面式电站，总装机容量 4 万千瓦（4 台 1 万千瓦机组）。

#### 3.6.4.4 磨子潭水库

磨子潭水库（见图 3-15）地处安徽省霍山县境内，位于淮河支流淠河东源东淠河上游东支的黄尾河上，坝址距下游佛子岭水库大坝 25km，坝址以上控制流域面积 570km²，水库总库容 3.47 亿立方米，是一座以防洪、灌溉为主，结合发电、供水等综合利用的大（2）型水库。磨子潭水库工程于 1956 年 9 月开工兴建，1960 年元月竣工。原建设的主要目的是为佛子岭水库蓄洪削峰，提高佛子岭水库的防洪能力。随着淠河水库群的建设，下游的淠河灌区逐步发展起来，水库已成为灌区的主要水源之一。随着社会经济的发展，下游城市、集镇的用水日益紧张，水库承担的供给生活和工业用水的任务越来越重。

图 3-15 磨子潭水库

磨子潭水库枢纽工程等别为Ⅱ等，由拦河坝、溢洪道、泄洪洞、发电引水钢管及电站厂房等组成。拦河坝为混凝土支墩大头坝，由中部的 12 个双支墩（2＃～13＃）坝段、两坝头各 3 个单支墩坝段及重力坝段、左岸 2＃垛以左（坝轴线向上游转折 42°）的转折重力坝段所组成。双支墩坝段上游面宽度18m，单支墩坝段上游面宽度除西1＃、西2＃垛为8.0m外，其余均为9.0m。坝顶长度331m，坝顶高程202.9m，防浪墙顶高程原为204.0m，1998年将防浪墙顶加高至205.2m高程。最大坝高82.0m，最大底宽71.5m。

泄洪隧洞位于大坝左岸，由大坝转折前部至2＃垛尾部以下的坝基岩体中穿过，整个隧洞轴线长度244.5m，标准断面为圆形，直径5.7m，洞身采用钢筋混凝土衬砌。进口底坎高程132.707m，设有两扇2.5m×6.0m的滚轮式事故平面钢闸门，出口设4.5m×4.5m高压弧形钢闸门，原设计最大泄洪量612$m^3$/s，因进口气蚀的问题，现控制弧门开度80％运用，相应最大泄洪量为406$m^3$/s（库水位203.75m）。

溢洪道位于大坝左岸，在左坝头西南约500m处的天然山凹中，共6孔，每孔净宽10m，溢流堰面采用克-奥曲线，堰顶高程196.0m，设弧形钢闸门控制，设计最大下泄流量2900$m^3$/s（库水位203.75m）。

发电厂位于9＃垛下游，属坝后式厂房，装有1台16MW水轮发电机组，设计年发电量0.57亿kW·h。发电引水钢管装在9＃垛内，直径3.4m，外包0.6m厚的钢筋混凝土保护，进口中心高程152.0m，上平段安装蝴蝶阀控制。

8＃、9＃垛原有施工临时导流底孔，除9＃垛已经封堵外，8＃垛有2根直径50cm底孔，作为冲沙和放空水库之用。

# 4 水利水电工程质量与安全事故剖析

## 4.1 土石方工程

### 4.1.1 泄洪排沙洞坍塌伤亡事故

#### 4.1.1.1 事故经过

2005年2月11日，××单位承建的××电站排沙洞工程，在进行结合段改造施工过程中，在对桩号0+247.5～0+246段打完锚杆、支好钢支撑进行二次喷护和0+246掌子面钻爆打孔作业时，已喷护封闭的桩号0+246掌子面突然发生岩石坍塌，一块约3.5m×1.8m×0.35m不规则的片石坠落，将施工现场搭设的钢管脚手架施工作业平台（平台上当时有20余人作业）砸垮，造成1人（通过作业平台下抬送氧气瓶者）当场死亡，2人（通过作业平台下抬送氧气瓶者1人，正在平台上作业人员1人）在送往医院抢救过程中死亡。另有2人重伤，8人轻伤。

#### 4.1.1.2 事故原因分析

1. 直接原因

由于该项工程所处位置地质条件较为复杂，施工地段围岩由含煤中厚层砂岩夹薄层泥质粉砂岩组成，岩层面及垂直于层面裂隙发育，相互切割岩体呈次块状或碎裂状，洞身围岩稳定性较差，属Ⅲ、Ⅳ类围岩。该起事故在某种程度上具有难以预见的性质，事故发生前没有垮塌迹象，也未发现松动岩块，开挖掌子面受垂直于岩层层面的裂隙切割，形成松动岩块，在卸荷松弛及施工爆破等扰动的影响下失去稳定，扩挖后的掌子面应力释放推动岩石突然剥落坍塌砸垮作业平台，这是造成突发垮塌事故的直接原因。

2. 间接原因

(1) 施工单位对洞挖改造施工过程掌子面岩层卸荷危险性预见不足，从而未落实好相应的防范措施。

(2) 在进行作业前采取了加强支护的工程措施，事故发生前没有任何垮塌迹象，现场施工人员和安全人员经排险处理，盯在现场观察监视均未发现松动岩块，破碎岩层卸荷松弛及扰动等情况确难预见。

(3) 因相关单位在试验、设计等过程的推迟，使工期滞后四个多月，且工程量增加许多。该洞是库区唯一泄洪出口，为保下游千百万人民的安危而必须抢工期、抢进度。

(4) 该改造工程量大，时间紧、工序多、场地狭窄，洞身改造体型复杂，高标号抗冲耐磨混凝土质量要求高，交叉作业各工序之间相互干扰大，洞内交通管制难以实施。

### 4.1.2　山体滑坡事故

#### 4.1.2.1　事故经过

2005年5月26日，××单位负责电站进水塔混凝土施工的××协作队的6名施工工人，正在330m高程的进水塔1#机基础部位进行混凝土浇筑施工，施工现场安全员张某某突然听到施工作业面上方边坡平台（高程370m）的一名放料人员在大喊“石头塌方了，快跑”，张某听到后意识到危险，便立即向正在混凝土仓内施工的6名工人大声呼喊，并示意工人赶紧撤离。就在工人撤离时，进水塔1#机基础部位上部370～385m高程的边坡局部瞬间滑坡，约200m$^3$ 的土石滚落到进水塔1#机基础混凝土仓内。土石滚落1～2min后，分局的现场安全员梁某和郝某、协作队的现场安全员张某在确定再无塌方迹象的情况下，迅速到混凝土仓内查看伤亡情况并组织施救，发现6名施工工人中有2人已经被当场砸死，2人受伤，2人安全撤离。于是他们迅速电话上报分局领导及建设公司、质安部等相关领导。建设单位、施工单位相关领导接到事故报告后迅速赶到了事故现场，组织人员立即将2名伤员送往当地镇医院急救中心进行抢救，其中1人经抢救无效死亡。随后，分局又通知派出所、监理、设计等单位的相关人员进行现场勘查，并安排人员进行现场警戒、保护现场。

#### 4.1.2.2　事故原因分析

1. 直接原因

（1）滑坡地段地质结构状况差。进水塔1#机基础部位上部370～385m高程的边坡地段基岩是灰岩，偶含灰白、灰黑色燧石结核。下部为灰黑色、薄层灰质页岩，夹有少量炭质页岩及劣质岩线，中部为深灰色泥质灰岩，钙质灰岩层。

（2）存在着诱发山体塌方外在的非人为干扰因素。进入5月以来，大多为少晴多雨天气，最高降雨量为17.8mm。该地段由于受连续不断降雨的影响，大量积水灌入高边坡土层和岩层之中，导致岩层中泥土发生膨胀使外层岩石移位，移位后的外层岩石稳定性不够从而发生滑坡。同时，滑坡地段与施工现场上下垂直距离高达60多米，信息传送不便，从而导致了瞬间事故发生。

2. 间接原因

（1）建设、施工、监理、设计四方在地质灾害防治上虽然采取了积极的措施，但在地质灾害防治上能力不足，认识上、技术上存在着局限性。据调查，2005年1月21日，工程设计代表处根据施工现场的情况，考虑到进水口右侧高程375m以上边坡卸荷和风化带较为严重，为确保边坡长期稳定，设计代表处向工程建设公司送发了《关于地下电站进行右侧边坡地质缺陷处理的通知》(以下简称《通知》)。《通知》要求对进水口右侧385～407m高程边坡即事故滑坡地段上方进行削坡处理。按照变更设计通知的要求，施工方于2005年3月进行了削坡处理施工。竣工后，建设、施工、监理、设计四方有关负责人到现场进行了勘查验收。4月8日，建设公司又主持召开了引水发电系统施工技术研讨会，对进水口高程375m以上边坡处理问题予以明确。会议结合施工方提供的该段边坡施工安全监测资料分析后认为，高程 407m 平台 2#井公路沿线裂隙所处部位不在引水渠（进水口）排架公路桥的桥面范围内，且后期不会影响引水渠进水口部位的混凝土浇筑施工安全，会议决定对已作削坡处理的引水渠进水口处高程为 385～407m 的边坡下方即事故滑坡地段不进行开挖处理。

（2）建设、施工单位在汛期地质灾害防治上采取的安全防范措施不够全面。据调查：施工方对进水口右侧 385～407m 高程边坡进行了削坡处理后，为确保引水渠进水口处施工安全，一方面，在高程为 375m 马道周边布设了安全网，以防边坡上掉落小石头危及下方施工人员安全；另一方面，结合以往同类工程表面监测经验，经建设、设计、监理、施工四方研究决定，施工方在进水口边坡 407m 高程平台（边坡崩塌的上方）设置了 3 个监测点，安排专业测量人员利用先进的全站仪 TCR702（测角精度 2，测距为 2mm＋2ppm），按照《土石坝安全监技术规范》SL 60—94 关于对土石坝永久岸坡在施工期的监测频率为 3～6 次/月（即 5～10d 测一次）的要求，对 3 个监测点每 2～5d 监测一次边坡变形情况。监测数据表明，该区域没有滑坡趋势，比较稳定。建设、施工单位由于认识上的差距，只考虑到对进水口右侧整个山体的监测，而忽视了对边坡局部地段稳定状态的仪器监测和施工过程中 375m 高程边坡以上范围局部地段的人工观测。

### 4.1.3　薄板岩层滑塌事故

#### 4.1.3.1　事故经过

××水利枢纽库区移民专业项目北线公路复建工程北岸线公路长度 29.175km，等级为三级，设计行车速度 30km/h，预算总投资 7054.68 万元，分六个标段施工，发生事故的第三标段长度 7km。

2007 年 5 月 10 日下午，第三标段施工单位正在组织施工人员在 K16＋080—K16＋150 段施工，其中 6 人系着安全绳在高边坡上进行排险作业。15 时 24 分，作业面上薄板岩层发生滑塌，将正在排险作业的 3 人及 K16＋150 侧面拉安全绳的 1 人砸倒，4 人随同岩体一同坠落。造成了 3 人死亡，1 人失踪（后发现已死亡）。

#### 4.1.3.2　事故原因分析

一是工程地质条件复杂，施工难度大；二是施工单位未严格按照设计要求进行施工，安全生产意识不强，安全防范措施不完善。

## 4.2　模板工程

### 4.2.1　模板架设事故

#### 4.2.1.1　事故经过

2007 年 10 月 16 日上午 8 时左右，××水利枢纽工程溢洪道（含鱼道）施工现场，在溢洪道轴线0＋020处，4名工人正在对鱼道顶部进行支模，其中2名工人在上部搭跳板，2名工人在下部支立柱，上部搭跳板的1名工人从上部坠落到鱼道口下部受伤，项目部经理立刻赶赴事故现场，并迅速组织救援车辆将伤者送往附近医院，经医院抢救无效死亡。

#### 4.2.1.2　事故原因

事故发生后，有关方面组成联合调查组，对事故进行了调查，认定为责任事故，事故主要原因：一是对安全生产工作重视程度不够，作业人员的岗前培训教育落实不到位；二是安全生产规章制度执行不严，安全监管力度不足。安全生产监督管理局对事故责任人和责任单位做出了经济处罚的决定。

### 4.2.2　模板支撑体系坍塌事故

#### 4.2.2.1　事故经过

2005年9月5日22时许，××工程在进行高大厅堂顶盖模板支架预应力混凝土空心板现场浇筑施工时，模板支撑体系坍塌，造成8人死亡、21人受伤的重大伤亡事故。

#### 4.2.2.2　事故原因分析及责任追究

××工程土建总工程师、项目部总工程师、项目经理、项目部监理员、项目部总监等5人涉嫌犯重大责任事故罪接受法院审判。

检方指控：上述五人在××工程施工期间，明知模板支架施工设计方案未经审批，项目土建总工程师仍要求劳务队施工；针对模板支架施工设计方案存在问题仍进行施工搭建的情况，项目部总工程师未采取措施，从而使模板支撑体系存在严重安全隐患；项目经理对模板支架施工未予制止，并组织进行混凝土浇筑作业；项目部监理员、项目部总监未切实履行监理职责，对不符合安全要求的模板支架施工未予制止。由于他们的上述行为，导致2005年9月5日22时许，发生模板支撑体系坍塌事故，造成现场施工工人8人死亡、21人受伤的严重后果。检方认为，5名被告人的行为已构成重大责任事故罪。

法院认为，由于上述5人的违规行为，导致2005年9月5日22时许，在进行高大厅堂顶盖模板支架预应力混凝土空心板现场浇筑施工时，发生某部支撑体系坍塌事故，其行为构成重大责任事故罪。

### 4.2.3　施工排架垮塌事故

#### 4.2.3.1　事故经过

××水电站工程砂石料系统10＃成品料仓是地下竖井工程，竖井直径10.8m，高38m，底部高程1224m。2005年6月开挖工程完工后进行混凝土浇筑施工，由××施工局协作分包单位××建筑安装公司负责施工。6月9日，开始搭设钢管排架平台，6月13日排架完工，平台高程1262m。6月14日、22日进行了二次竖井顶部锁口垫层钢筋钢模板安装和混凝土浇筑施工。24日11时，10名施工人员开始拆除钢模板，同时进行混凝土凿毛作业，将399块拆下钢模板堆放在平台一角，14时47分在接凿毛风管时，突然排架垮塌，10名施工人员随排架平台坠落至竖井底部，造成2人死亡，3人负伤。

#### 4.2.3.2 事故原因

1. 直接原因

(1) 排架设计存在缺陷。排架平台搭设未按设计规范施工，大多使用旧钢管扣件，验收不认真，排架稳定性不够。

(2) 违章作业，材料存放不当。平台荷载过于集中，拆下的399块钢模板共重6.13$t$，集中堆在一角，致使平台荷载失衡垮塌。

2. 间接原因

(1) 安全教育培训不够，施工人员缺乏安全操作技术和技能，对排架平台安全使用基本知识缺乏。

(2) 施工现场缺乏安全检查监督，致使排架存在隐患未能及时发现和整改。

(3) 项目安全管理失控，对分包单位排架搭设、验收和使用安全未能有效监控和指导。

## 4.3 起重吊装工程

### 4.3.1 水电站门机运行倾覆事故

#### 4.3.1.1 事故经过

2006年6月28日上午，位于基坑的MQ600B门机负责3#机尾水扩散段混凝土浇筑任务，入仓混凝土罐为6m$^3$卧式混凝土罐。浇筑前，仓面指挥人员首先对起吊大钩进行了28m内回转半径的确定，然后开始浇筑。上午浇筑混凝土约100m$^3$，12时3#机基坑吊装压力钢管，因场地限制，MQ600B门机暂停作业。14时10分MQ600B门机恢复浇筑，为了使砂浆能分散得更好，指挥人员要求调整扒杆角度，第一罐2m$^3$砂浆顺利入仓。14时30分门机司机在没有行走门机、没有将已经变幅的扒杆回复到正常位置就转到受料点受料，并提升第二罐混凝土，在混凝土罐起升到距离地面8～9m时门机倾斜，并迅速倾覆。当时附近有数名员工在进行仓面准备，其中1人被倾覆门机压倒当场死亡，同时2名门机司机1人在操作室内死亡，1人失踪；仓号内的监仓员1人、技术员1人、调度1人（共3人）也被倾覆的门机撞伤，并被送往医院抢救。

事故发生后，××施工局立即向上级主管单位作了汇报，同时报告了当地公安、安全监督以及技术监督等部门。随后，成立了以施工局长为组长的事故善后小组，并全面组织抢救。善后小组在进一步勘察事故现场后，在机仓内发现1人死亡，经辨认确定为失踪的操作人员。到29日凌晨4时，送往医院的3人中2人因抢救无效死亡，1人被确认为轻伤。至此，这次事故导致5人死亡，1人轻伤。

#### 4.3.1.2　事故原因分析

1. 直接原因

门机操作人员没有行走门机而是采用变幅扒杆转回到受料处，操作人员的违章操作导致门机工作力矩超过抗倾覆力矩，是造成此次事故的直接原因。

2. 间接原因

（1）门机安全保护装置失灵、不完善。

（2）施工局在特种设备尤其是在大型起重设备的使用与运行上疏于管理，在门机安全保护装置不完善的情况下，虽然采取了一些措施，但安全监护不到位。

（3）施工局在安全和生产进度发生矛盾时，没有坚持安全第一、预防为主的原则。

### 4.3.2　水电站门机维修倾覆事故

#### 4.3.2.1　事故经过

2005 年 7 月 27 日，××施工局在设备例行检查中发现位于 3＃坝段 341.5m 高程平台上施工的 DMQ540/30 型门座式起重机的变幅钢丝绳损坏，随后主管机电的副局长负责组织维修。经过几天准备，8 月 1 日上午 8 时，副局长和门机班班长按计划安排将门机起重臂平放在 341.5m 高程平台上，开始更换门机变幅钢丝绳。10 时，工地停电，检修工作暂停。12 时来电后检修工作继续，13 时 30 分发现在门机起重臂平放状态下，更换的变幅钢丝绳长度不能达到更换的需要。为此，副局长、班长二人擅自决定改变原检修方案，将平放状态下的门机起重臂升起斜靠在 2＃段坝边缘顶端，以缩短所需变幅钢丝绳的长度。这时另一副局长、施工局书记、安全员等人认为此方案不妥，表示不同意，但副局长、班长二人坚持己见。14 时，班长指挥将原平放在 3＃坝段 341.5m 高程平台的门机起重臂升起，左旋 90°转向，将门机起重臂搁置在距门机支腿 5.5m 处的 355m 高程 2＃坝段边缘顶端，并开始把前期已穿好的 8 道变幅钢丝绳逐道回撤。因变幅钢丝绳在起重臂顶端滑轮处发生跳槽，15 时左右，班长爬上起重臂去处理故障。当爬到接近起重臂顶端滑轮处时，门机整机向后倾倒，从 3＃坝段 341.5m 高程平台翻坠下 10m 的 4＃坝段 331.8m 高程平台，造成参加检修门机人员 14 人死亡、4 人负伤、门机报废的特大安全事故。

#### 4.3.2.2　事故原因分析

1. 直接原因

（1）设备不安全状态。门机起重臂（长 37.5m）由原平放在 3＃坝段平台上改变为提升斜靠搁在距支腿 5.5m、高 7.3m 处的 2＃坝段顶端，使门机起重臂形成了以搁置处为支点的杠杆，起重臂由原平放向下自重（22t）的“稳定力”转变为上撬的“倾翻力”（23.8t），根本改变了配重（38t）与起重臂之间的门机整体平衡性，导致门机整机以支腿为支点的“倾翻力矩”超过“稳定力矩”，使整个门机处于失稳状态。

当班长爬到起重臂顶端滑轮处，进一步加大了门机的“倾翻力矩”，使已经处于失稳状态的门机开始倾翻。

(2) 门机检修组织者忽视安全，擅自改变方案，违章指挥。

2. 间接原因

(1) 安全培训教育不够。个别项目负责人安全素质低下，缺乏基本安全知识而不听劝止，冒险蛮干，其他领导管理人员不能给予有效制止。

(2) 安全管理工作落实不到位。施工单位尽管建立了较为完善的安全管理规章制度，但实际实施过程中特别是一些小型项目落实不到位，存在薄弱环节。

### 4.3.3　塔吊安装垮塌事故

#### 4.3.3.1　事故经过

某施工单位机电安装工程处于 2007 年 9 月 5 日在××水利枢纽工程现场安装塔吊(7050 型，自升式)，9 月 18 日下午约 14 时 50 分开始内塔身顶升作业，到 15 时 30 分，当第 6 个顶升行程（每个行程 0.5m）顶升了约 0.43m 时，内塔身及以上部分向下滑落，塔吊发生弯曲，大臂及驾驶室坠地，使得塔吊上的 10 名安装人员和 1 名塔吊司机随同塔吊倒塌一起坠地，造成 4 人死亡，4 人受伤。

#### 4.3.3.2　事故原因分析

初步分析事故原因是：塔吊在顶升过程中因顶升梁耳板断裂，导致塔吊顶起部分失去支撑后下滑，造成塔吊失衡而垮塌，该事故属责任事故。

## 4.4　脚手架工程

### 4.4.1　脚手架坍塌事故经过

某大桥长 236m，宽 13m，4 个桥墩，主孔为 80m，属现浇箱型拱桥。

2002 年 2 月 8 日对已搭设完毕的大桥支承脚手架进行荷载试验，以检验其承载能力以备浇筑混凝土施工。由于此支撑架的搭设没有详细的施工方案和设计计算，对支承脚手架进行荷载试验也无规范的荷载试验方案，未对操作程序设备进行严格规定，因此对脚手架也没有检查验收，只凭经验搭设。在加荷过程中既没有专人指挥，也没有严格按照自大桥两岸向中间对称加载的方法，当大桥一端因加载的砖块未到、人员撤离到岸边休息时，另一端人员却继续加载，从而使桥身负荷偏载，重心偏移，脚手架立杆弯曲变形。当加载至设计荷载的 90%（即 1100t）时，脚手架失稳整体坍塌，20 多名施工人员全部坠入河中，造成 3 人死亡。

### 4.4.2　脚手架坍塌事故事故原因分析

#### 4.4.1.1　技术方面

(1) 脚手架承载能力不足。脚手架倒塌的直接原因是承载力不足，局部立杆被压弯失稳导致整体坍塌。

大桥施工脚手架采用了一般钢管扣件脚手架，但未针对此种脚手架的承力架设高度及支撑荷载做详细计算，只将各桥墩脚手架立杆纵横间距较一般施工用脚手架缩小为0.85～1.0m，这种简单的措施并未经计算确认。实际上影响脚手架整体稳定的因素，除去立杆的间距外，还应采取以下措施：

1）缩小立杆步距。步距缩小可以减少立杆的计算长度，提高立杆承载能力。

2）增加剪刀撑。脚手架是由立杆及水平杆组成，因此呈几何不稳定，受水平力后会产生变形，故规范要求自下至上设置剪刀撑，增加脚手架的整体稳定性。

3）立杆基础不能变形。此脚手架立杆底部在水下，其支撑强度如何没有详细的勘察，只采用了向水中抛沙袋的方法。此方法也没有经试验印证资料说明其效果的可靠程度（如何抛，抛多少，对立杆产生何种效果，如何测量检验等）。

（2）钢管材料不合格。经检测有47%的钢管壁厚不足3.5mm，最薄者仅2mm，因截面削弱，直接影响了脚手架的承载能力。

（3）对扣件紧固程度无要求。规范规定扣件紧固力矩为40～50N·m，当扣件紧固力矩不足时，脚手架承载能力会明显下降。此脚手架扣件使用前对抗滑能力未做检验，使用后对紧固力矩未进行抽测，如此施工很难保证脚手架的承载能力。

#### 4.4.1.2 管理方面

（1）加载不均。该施工单位由于管理失控，对脚手架搭设未经计算，导致承载力不足，对加载试验失于管理，导致加载不均。

荷载试验本身是一种科学行为，而该公司既未制定试验方案及加载程序，又无人指挥使加载按规定严格进行，以及随时检测脚手架变形情况以便发现问题及时采取措施，而是放任作业人员随意进行，最终在脚手架承载力已经不足的情况下，又出现了不均匀加载问题，使脚手架沿桥梁方向产生纵向变形，加速了事故的发生。

（2）监理工作失职。如此重要的工程，监理公司既未对施工单位是否编制施工组织设计及安全措施进行检查，对材料近一半不合格的情况也未引起注意和查看是否有材料检验资料，脚手架搭设完毕也未认真验收是否满足设计使用要求，同时对现场加载人员的违章行为也未加制止，最终导致脚手架整体坍塌，监理有不可推卸的责任。

## 4.5 拆除爆破工程

### 4.5.1 爆炸事故

#### 4.5.1.1 事故经过

××电站工程其水库设计库容1.58亿立方米，调节库容1.2亿立方米，正常蓄水位445m，大坝为钢筋混凝土面板堆石坝，最大坝高102.5m，坝顶高程447m，坝顶宽10m，电站总装机容量7.5万千瓦，工程总投资6.32亿元。

经调查，事故基本情况为：2007年8月5日19时35分，在主洞K1＋520处，由于雷管、炸药违规堆放一处，被一辆正在运送支护台车的装载机碾压而发生爆炸，爆炸的炸药共5箱120kg。

事故发生时，洞内共有三个工作面进行作业，洞内作业人员计22人，其中在主洞K1＋456处有从事开挖工作的工人8人；在主洞K1＋520处的掌子面有从事支护工作的工人8人，装载机驾驶员、管理人员、抽水杂工各1人，在主洞K1＋850处的掌子面有等待出碴的驾驶员3名。此次爆炸事故发生在支护工作面，共计造成5人死亡，一辆装载机严重损坏，通风装置、照明设施不同程度受损。

#### 4.5.1.2 事故原因分析

1. 施工现场火工材料管理混乱

工作组通过翻阅相关资料发现，从2007年5月24日至事故发生期间，由于雷管、炸药乱堆乱放，监理单位就发出违规处罚及警告通知书3份；从现场项目部、警务室、监理及施工单位联合开展的20余次检查记录中也发现，存在多项安全问题。例如，将炸药遗弃在洞内；防爆箱未上锁，无专人看管；未经现场监理工程师允许，未在规定时间内，且未设置安全警戒的情况下私自爆破；将雷管、炸药私自存放于民工宿舍内等。

2. 火工材料收发环节把关不严，监督不到位

据调查，事故发生后，从现场运出了雷管471发（其中火雷管18发）、炸药21箱（每箱24kg）、导火索6m。调查组到达现场后，在上游洞内仍然发现一箱雷管，一箱炸药，地上还有散乱炸药。下游掌子面处还有一柜零两箱炸药（总计613.6kg）、一箱雷管（非电管386发）。另据调查组反映，事发之前（8月5日），在洞内大量炸药未用完的情况下，施工单位仍开具了领取雷管、炸药的票据，但实际未领。

上述现场发现的问题严重违反了《民用爆炸物品安全管理条例》（国务院令第466号）等有关规定。

### 4.5.2 爆破安全事故

#### 4.5.2.1 事故经过

2005年5月18日，××水库除险加固工程大坝土建标段发生一起因放炮引起山体坍塌，造成3人当场死亡的重大安全生产责任事故。

#### 4.5.2.2 事故原因分析及责任追究

调查报告认定的事实如下：

（1）施工单位项目经理未根据矿山工程特点制订专门安全技术措施，对发现的事故隐患未能及时整改，对该起事故负主要责任。根据《建设工程安全生产管理条例》第66条规定，吊销项目经理资质证书，且因其已被刑事处分，自刑罚执行完毕之日起，5年内不担任任何施工单位的项目负责人。根据安全生产考核管理有关规定，收回项目经理建筑施工企业项目负责人安全生产考核合格B证，5年内不予重新考核，并作为不良行为记录上网公告。

(2) 施工单位项目部爆破班组长无证上岗，违反爆破方案，组织扩壶爆破、掏底开采，开挖台阶高度严重超过设计方案标准，对该起事故负主要责任，目前已被刑事处分。

(3) 施工单位项目部施工员对爆破班组长期违反爆破方案进行爆破作业未采取相应措施，对该起事故负一定责任。根据有关规定，吊销施工员水利建设工程施工员上岗资格证书。

(4) 施工单位项目部安全员对爆破作业现场安全检查和管理不到位，对该起事故负一定责任。根据安全生产管理人员安全生产考核管理有关规定，收回安全员建筑施工企业专职安全生产管理人员安全生产考核C证，5年内不予重新考核。

(5) 施工单位对工程项目安全生产管理不到位，对所承建的工程未进行定期安全检查，对本起事故的发生负重要责任。根据《建设工程安全生产管理条例》第62条、第64条规定，责令施工单位限期改正。根据安全生产管理人员安全生产考核管理有关规定，收回施工单位法定代表人建筑施工企业主要负责人安全生产考核A证。

## 4.6 围堰工程

### 4.6.1 水电站围堰垮塌事故

#### 4.6.1.1 事故经过

××水电站工程是一个综合性开发骨干水利枢纽工程。××水电站枢纽工程包括拦河大坝、引水式电站、升压站、输电线路和城市供水工程5部分。

事发前的5月2日河道涨水，上游围堰曾出现渗水现象，当晚在发电隧洞前明管段用水泥袋和砂石设置了堵水墙，施工单位安全科通知停工一天。水情过后，施工项目部及时进行了加固处理。

5月27日17时49分，河道洪峰流量达到1700m$^3$/s，洪水漫过上游围堰顶部，并逐渐冲毁围堰。17时55分，洪水冲毁了堵水墙，水流通过隧洞，淹没厂房，造成了洪灾。由于堵水墙没有抓紧施工，洪水由此进入发电引水隧洞，厂房工区全部被淹，正在引水隧道作业的4名民工落入水中；溃决后的洪水直接冲到下游对岸的河滩，将行进在河滩便道上、载有12名儿童及1名司机与1名幼儿教师的面包车卷走。从而共造成包括12名儿童在内18人死亡的重大事故。

#### 4.6.1.2 事故原因分析

引发××电站围堰漫溃的洪水并不大，却带来18人死亡的严重后果。事件发生有偶然因素，但工程建设相关各方对工程建设中应预见到的问题重视不够，未采取相应防范措施，没有形成防汛保安联动机制等，使悲剧成为必然。事发之前，电站上游区域30h内的平均降水量不到当地5年一遇暴雨——24h内降水超过124.4mm的一半。当日××电站上游围堰顶部开始漫水时，正常洪峰流量为1071m$^3$/s；即使漫溃之后的瞬时洪峰奔腾而下、再加上支流的水流，也才1900m$^3$/s，流量低于1967m$^3$/s的当地城区2年一遇洪峰流量，洪峰相应水位也低于当地城区警戒水位 1.21m。

有关专家分析认为，事故发生与以下因素相关：

(1) 围堰设计不合理。施工单位、监理单位与设计单位修改初步设计后选定的“自溃式”围堰，拦不住汛期洪水。调查表明，××水利枢纽工程初步设计及招标文件中，围堰设计为过流式围堰，要求经得起汛期洪水考验即洪水漫过也不会溃决。而修改选定的自溃式围堰，投资只有过流式围堰的 1/3，而且是按枯水期洪水流量标准设计。

(2) 主体工程进展滞后。4 月 30 日汛期到来之前，施工单位的大坝浇筑形象高程没有达到进度最低要求的 437m，围堰漫溃后，洪水主要通过的大坝 5＃与 6＃坝段高程不够，使大坝未能起到及时拦蓄洪水、有效削减水力的作用。

(3) 围堰出险后防范措施不当。5 月 2 日大坝因洪水而出险，施工单位本应该采取拆除上游围堰，或者加高加固上游围堰延长围堰挡水时间等防范措施，可是由于忽视安全生产，对防洪心存侥幸。电站上游围堰本次溃决前已拦蓄上游来水 1300 万立方米，围堰随时可能漫溃的威胁如同一枚“定时炸弹”悬在大坝上方。

(4) 缺乏度汛方案。项目有关技术规范规定：施工单位有权修改围堰等临时工程的设计，但须得到监理的审批；施工方应依据合同工程特性和《水利水电工程施工组织设计规范》选定安全度汛设计洪水标准，编制安全度汛措施，并将防汛中可能出现的种种问题作出书面报告报当地防汛部门。而实际上，这些工作都做得不扎实。4 月 25 日，业主、施工、监理等参建各方还召开了防汛工作会议，但各方都没有提到围堰溃决可能对下游及工程施工的影响。2 月和 4 月，施工单位曾两次编制 2004 年度防汛预案，经监理批准后上报业主，但均被退回。防汛预案两次被否决，是因为预案没有对上游围堰的加固和大坝缺口的防护提出有效措施，没有考虑自溃式围堰可能漫溃的后果和影响。直至事故发生，施工与监理单位也未再修改防汛预案后上报。因此，业主单位没考虑制订围堰漫溃的防汛抢险预案，也不曾告知当地防汛指挥部门。

××工程监理部负责人承认，没有想到要制订针对围堰溃决的防范措施与预案。施工单位则强调，没人要求他们做关于围堰溃决的防汛预案，且事故当天他们口头通知了在厂房和发电引水隧洞中施工的 40 多名工人撤离。但在发电引水隧洞内施工的民工说并没接到撤离通知，他是听到异常洪水声响后才向外逃，摔了四五跤，才捡回一条命。管理上的混乱也是事故发生的隐患之一。

## 4.6.2 围堰溃决

### 4.6.2.1 事故经过

××水电站电站装机容量 4 万千瓦，拦河坝为混凝土拱坝，坝高 57m，库容 1000 万立方米。

由于 2007 年 5 月 8～17 日全市范围内普降小到中雨，局部大到暴雨，导致云县南河水位不断上涨，至 2007 年 5 月 17 日 21 时，南河流量达 $150m^3/s$，导流洞不能满足过流要求。2007 年 5 月 17 日 23 时 10 分，围堰发生溃决。由于抢险救灾准备及时充分，未造成人员伤亡极大的经济损失。

#### 4.6.2.2　事故原因分析

经调查，发生此次围堰溃决事件的主要原因如下：

(1) 工程建设单位违反水电站基本建设工程验收规程，在未向审批机关报请截流验收请示的前提下，私自实施截流。

(2) 工程建设单位在大坝施工进度滞后，施工围堰不能满足汛期度汛要求的情况下，未提前按实际建设进度及时调整施工度汛方案，初步拟定的度汛方案未按有关防洪条例的要求报批，而且未能实际实施。

## 4.7　混凝土工程

### 4.7.1　挡墙垮塌事故

#### 4.7.1.1　事故经过

2006 年 8 月 21 日 20 时 40 分左右，××水电站（2×400kW）在蓄水试车过程中，压力前池挡墙突然垮塌，1000 余立方米积水瞬间溃出，冲毁下方该电站施工房屋 8 间（面积约 250m$^2$），造成 8 人死亡，6 人受伤（其中 1 人重伤）。

××电站系当地原电站恢复续建项目。原电站于 1996 年批准立项，1997 年开工建设，由于资金原因于 1998 年 1 月停工。2005 年 4 月，该电站开发建设权转让给个人，由其投资 400 万元进行开发建设并自主设计施工。事发时主体工程已基本完成。

#### 4.7.1.2　事故原因分析

经初步调查和技术鉴定，事故的直接原因是：建设及施工单位违反水利水电工程有关的施工规范，压力前池侧墙基础未清理到弱风化层，也未采取相应的工程措施，前池外侧墙断面结构不稳定，建设单位违反水利水电验收规程擅自引水测试水轮机，造成压力前池挡墙突然垮塌。另外，该电站项目还存在未经有关主管部门审查初步设计擅自开工、无正规施工单位、无监理单位等严重违规行为。

### 4.7.2　边墙垮塌事故

#### 4.7.2.1　事故经过

××水电站电站设计水头 75m，装机容量 3×3200kW。该电站于 2005 年 3 月 12 日开工建设，当地发改委于 2005 年 8 月 15 日核准可行性研究报告。××电站为有坝引水式电站，大部分工程量为引水系统，前段引水明渠长 159.95m，隧洞长 4377.53m，后段明渠长 682.92m 并与电站压力前池相连，溢水系统设在压力前池。引水系统最大引用流量 13.2m$^3$/s，后明渠最大过水深度 2m。

事故发生前，该电站已基本完成土建和机电设备安装工程。施工单位于 2007 年 12 月 10 日向监理部提出“我公司承建的引水隧洞及其引水渠道工程已完工，经自检合格，请予以检查和验收”。总监理工程师于 2007 年 12 月 13 日签署了“该工程初步验收合格，可以组织正式验收”的意见。有关各方已经商定，电站拟于 2007 年 12 月 15 日发电试运行，2007 年 12 月 13 日充水的目的是检查明渠过水情况。

2007 年 12 月 13 日 13 时，施工人员开始关闭取水坝冲沙闸，引水明渠过水流量 $1.5m^3/s$，渠道最大水深 0.27m。2007 年 12 月 13 日 15 时左右，引水明渠 4＋846～4＋876 段外边墙大面积垮塌，约 $14000m^3$ 水瞬间顺山下泄，冲毁山体形成泥石流，造成 5 人死亡、2 人受伤。

#### 4.7.2.1 事故原因分析

经初步调查分析，调查组和当地技术人员认为，以下三个因素是事故的直接原因：引水明渠位于松散基础上且未做基础处理；引水明渠结构不合理，加之擅自变更施工顺序致底板和边墙结构分离，呈积木式松散结构，无法承载过水压力；施工质量低劣，施工缝、伸缩缝止水明显不合格。工程建设各方在工程存在上述问题且未进行工程阶段验收、未做任何监测和防护的情况下擅自试通水，水流从施工缝和伸缩缝漏出渗入基础，基础被软化、冲刷、淘空，外边墙失稳垮塌形成泥石流，冲向正在休息的施工人员和行人，造成多人伤亡和重大财产损失，属严重的质量安全事故。

根据调查组的实地调查，该事故是一起典型的质量安全责任事故。

1. 施工单位

现场施工单位不具备水利水电工程建设的能力，工程质量低劣。施工单位项目经理是一名高中毕业、无任何资格证书和水电工程常识的社会人员，施工人员则为其从外地招募的农民工。调查发现施工单位没有可行的施工方案，没有按照有关图纸和工序施工；大量的设计变更未按规定办理设计变更手续，工程形象与施工图纸相差甚远；甚至项目业主在工作总结（2006 年 9 月）中都承认：“各施工单位经过培训的持证上岗人员基本为零”。

工程质量低劣：引水明渠底板和挡墙结构分离；混凝土质量全部不合格；残存的边墙暴露出充填其中的松散沙石和杂物，其间无任何水泥粘连；边墙体上可以明显看到施工缝，其间并无任何止水，现场清晰可见渗水痕迹；从倒塌墙体发现，伸缩缝橡胶止水带没有伸入到后浇混凝土内，而是歪倒在缝内形成漏水通道。

2. 设计单位

设计单位提供的技施设计图纸与现场地形脱节，不能满足施工要求；没有技施设计报告；对明显存在的明渠段地质问题没有提出基础处理方案和措施；结构设计不合理也不到位，且无施工技术要求和有关说明；存在技术缺陷。

调查了解到设计代表已经近一年不在施工现场，施工图纸不足部分实际是由施工单位自行绘制或无图施工。

3. 监理单位

监理单位未能认真履行职责，对施工的关键环节把关不严，对施工、设计单位存在的上述大量问题均未采取有效措施，也不向政府监管部门报告，而是一次次放行。

4. 项目业主

项目业主作为工程建设安全的责任主体，对施工单位项目负责人不具备水电工程施工的基本知识、缺少施工方案、现场施工水平低下、工程质量低劣、偷工减料、弄虚作假等问题长期未采取措施；没能解决设计单位技施设计图纸不能满足施工要求，没有技施设计报告等问题，认可施工单位自绘图纸甚至无图施工，造成设计与现场施工长期脱节；越位干扰监理单位的工作，而且不按规定办理质量监督手续。该项目业主没有履行其法定职责和义务。

5. 政府监管

政府监管形同虚设。该项目 2005 年 3 月开工，发改委同年 8 月核准可研报告，属先开工后核准。按照市政府的部门分工，发改委负责该项目的核准和建设监管。该部门并无相关技术力量，也没有委托具备技术能力的部门或机构协助，不了解国家和当地政府有关规定在具体工程建设中的落实情况，致使在近 3 年的建设期间，当地政府没有发现和纠正该项目建设施工中一直存在的诸多严重问题，政府监管存在缺陷等问题。

6. 工程参建各方违反水利水电建设程序

在前池闸门尚未安装完毕、引水明渠混凝土龄期未满、工程未进行阶段验收、未做任何监测和防护的情况下擅自试通水，事故发生后无法及时切断进水和存水，只能任由事故扩大。水流从施工缝和伸缩缝漏出渗入基础，致使基础被软化、冲刷、淘空，造成外边墙突然失稳垮塌。

# 5 工程设计和建设监理

## 5.1 工程设计

工程设计是指根据建设工程的要求，对建设工程所需的技术、经济、资源、环境等条件进行综合分析、论证，编制建设工程设计文件的活动。国务院建设行政主管部门对全国的建设工程勘察、设计活动实施统一监督管理。国务院铁路、交通、水利等有关部门按照国务院规定的职责分工，负责对全国的有关专业建设工程勘察、设计活动的监督管理。县级以上地方人民政府建设行政主管部门对本行政区域内的建设工程勘察、设计活动实施监督管理。县级以上地方人民政府交通、水利等有关部门在各自的职责范围内，负责对本行政区域内的有关专业建设工程勘察、设计活动的监督管理。

### 5.1.1 工程设计的依据

工程设计单位编制建设工程勘察、设计文件，应当以下列规定为依据：

(1) 规划审批文件。

(2) 勘察、设计任务书。

(3) 国家相关法律、法规要求。

(4) 工程建设强制性标准及其他有关规范、规程及规定。

(5) 国家规定的建设工程勘察、设计深度要求。

此外水利等专业建设工程还应当以水利等专业规划的要求为依据。

### 5.1.2 工程设计单位同参建各方的关系

#### 5.1.2.1 设计单位与建设单位的关系

设计单位是依法与建设单位签订工程（勘察）设计合同，在项目实施前为建设项目进行设计的单位，具体设计的内容深度要根据双方所签合同内容确定。设计单位同建设单位为合同关系，而不是领导和被领导的关系。

#### 5.1.2.2 设计单位与监理单位的关系

监理单位同设计单位是通过建设单位联系的工作关系。《水利工程建设监理规定》（水利部令第 28 号）第 14 条规定："监理单位应按照监理合同，组织设计单位等进行现场设计交底，核查并签发施工图。未经总监理工程师签字的施工图不得用于施工。监理单位不得修改工程设计文件。”依据《中华人民共和国建筑法》第 32 条的规定：“工程监理人员发现工程设计不符合建筑工程质量标准或合同约定的质量要求的，应当报告建设单位要设计单位改正。”。

#### 5.1.2.3 设计单位与施工单位的关系

设计单位与施工单位是平等的主体关系，他们之间不存在合同关系，都是为工程建设服务的单位，都与建设单位有合同关系。工程施工人员发现工程设计不合理或有好的修改建议，应当报告建设单位（监理单位），建议设计单位修改。

### 5.1.3 设计单位的质量责任和义务

（1）从事建设工程勘察、设计的单位应当依法取得相应等级的资质证书，并在其资质等级许可的范围内承揽建设工程勘察、设计业务。禁止建设工程勘察，设计单位超越其资质等级许可的范围或者以其他建设工程勘察、设计单位的名义承揽建设工程勘察、设计业务。禁止建设工程勘察、设计单位允许其他单位或者个人以本单位的名义承揽建设工程勘察、设计业务。勘察、设计单位不得转包或者违法分包所承揽的工程勘察、设计业务。

（2）工程勘察、设计单位必须依法进行建设工程勘察、设计业务，严格执行工程建设强制性标准，并对建设工程勘察、设计的质量负责。已实行注册执业制度的行业，有关注册执业人员应当在设计文件上签字并加盖执业证章，对设计文件负责。

（3）设计单位必须根据勘察成果文件进行工程设计。设计文件应当根据设计阶段的不同，符合国家规定的阶段设计深度要求。

（4）设计单位在设计文件中选用的建筑材料、建筑构配件和设备，应当注明规格、型号、性能等技术指标，其质量要求必须符合国家规定的标准。除有特殊要求的建筑材料、专用设备、工艺生产线等以外，设计单位不得指定生产厂家、供应商。

### 5.1.4 设计为工程建设服务

#### 5.1.4.1 设计文件提供

建设工程勘察、设计单位应当按照与建设单位签订的勘察、设计合同，及时提供各阶段设计文件，保证工程建设进度需要。

#### 5.1.4.2 设计交底

建设工程勘察、设计单位应当在建设工程施工前向施工单位和监理单位说明建设工程勘察、设计意图，解释建设工程勘察、设计文件，提出在施工各阶段应注意的关键问题和可能出现的技术难点。由于施工图是由设计单位完成的，设计单位对施工图会有更深刻的理解，由其对监理单位及施工单位作出说明是非常必要的，有助于监理单位和施工单位理解施工图，保证工程质量。

#### 5.1.4.3 施工配合及质量事故分析

建设工程施工过程中，勘察、设计应参加业主或工程监理单位主持召开的与设计有关的技术会议，参与重大施工技术方案的讨论，了解施工对设计的要求，配合施工单位解决施工过程中的技术问题。

勘察、设计单位应当参与建设工程质量事故分析，并对因勘察、设计造成的质量事故提出相应的技术处理方案。

#### 5.1.4.4 设计修改

建设单位、施工单位、监理单位不得修改建设工程勘察、设计文件；确需修改建设工程勘察、设计文件的，应当由原建设工程勘察、设计单位修改。经原建设工程勘察、设计单位书面同意，建设单位也可以委托其他具有相应资质的建设工程勘察、设计单位修改。修改单位对修改的勘察、设计文件承担相应责任。施工单位、监理单位发现建设工程勘察、设计文件不符合工程建设强制性标准、合同约定质量要求的，应当报告建设单位，建设单位有权要求建设工程勘察、设计单位对建设工程勘察、设计文件进行补充、修改。建设工程勘察、设计文件内容需要作重大修改的，建设单位应当报原审批机关批准后，方可修改。

#### 5.1.4.5 工程验收

设计单位应按照有关规定，编写、整理设计单位的验收资料，参加工程建设过程中相关验收工作。

### 5.1.5 设计代表

#### 5.1.5.1 设计代表的派出

设计代表是设计单位派驻现场的设计人员，代表设计单位处理工程施工过程中出现的有关设计方面的问题。在工程施工阶段，设计单位应派专业设计人员作现场服务，较大的工程应有常驻现场设计代表，一般成立现场设计代表处（组），并刻制设计代表处（组）印章。设计代表人员确定后，应由设计单位正式通知建设单位。

#### 5.1.5.2 设计代表的职责

设计代表的服务内容主要有：

（1）在建设单位（或监理单位）的主持下进行设计交底。

（2）解答和处理建设单位、监理单位和施工单位提出的各种设计方面的问题。

（3）及时掌握施工现场的条件变化，对建设单位的合理要求（包括施工单位通过监理提出的合理建议）或设计条件发生变化需进行设计更改时，对设计进行优化和更改；设计更改前，设计代表应和图纸原设计人员进行充分的沟通，重要的设计更改设计代表应向项目分管总工和分管领导汇报。

(4) 深入施工现场及时解决施工中出现的设计问题。

(5) 参加业主或工程监理单位主持召开的与设计有关的技术会议，了解施工对设计的要求，协助施工单位解决施工过程中的技术问题。

(6) 参加重要隐蔽工程、分部工程等的验收，并代表设计单位在有关验收成果上签字。

(7) 搜集工程施工质量和工程施工技术信息，及时向设计院（公司）报告现场工程施工过程中出现的各类问题，做好设计代表工作记录、工作日志和设计代表月报。

设计代表发现施工单位不按设计规定进行施工的行为，应及时指出并要求改正，如指出无效又涉及安全、质量等原则性、技术性问题，应将问题事实及处理过程用“备忘录”的形式书面通知建设单位。

## 5.2　建设监理

### 5.2.1　建设监理的依据和各方的关系

工程建设监理制是同项目法人责任制、招标投标制、合同制一起实施的建设管理制度。工程建设监理是监理单位受项目法人委托，以合同管理为中心，有效控制工程建设项目质量、投资、进度、安全生产和环境保护等为目标，采用信息管理、协调参加建设各方的关系等方法的技术管理行为，是监理单位受项目法人的委托，部分地承担了原来由项目法人负责的事务，属于建设管理的范畴。

建设监理制自 1988 年推广以来，经历 20 多年的不断发展完善，在工程建设中起到了积极作用，保证了工程进度、合理确定和有效控制了工程投资、提高了工程质量，使工程建设基本避免了投资无底洞、质量无保证、工期马拉松等现象的出现。建设监理制在工程建设中取得了很大的成绩，建设监理在工程建设中作出了应有的贡献。

#### 5.2.1.1　建设监理的依据

建设监理制的实行既有法律、法规的依据也有合同的依据。

1998 年 3 月 1 日施行的《中华人民共和国建筑法》第 30 条明确规定：“国家推行建筑工程监理制度。”第 32 条规定：“建筑工程监理应当依照法律、行政法规及有关的技术标准、设计文件和建筑工程承包合同，对承包单位在施工质量、建设工期和建设资金使用等方面，代表建设单位实施监督。工程监理人员认为工程施工不符合工程设计要求、施工技术标准和合同约定的，有权要求建筑施工企业改正。工程监理人员发现工程设计不符合建筑工程质量标准或者合同约定的质量要求的，应当报告建设单位要求设计单位改正。”

2000 年 1 月 30 日施行的《建设工程质量管理条例》第 12 条规定：“施行监理的建设工程，建设单位应当委托具有相应资质等级的工程监理单位进行监理，也可以委托具有工程监理相应资质等级并与监理工程的施工承包单位没有隶属关系或者其他利害关系的该工程的设计单位进行监理。下列建设工程必须实行监理：

(1) 国家重点建设工程;

(2) 大中型公用事业工程;

(3) 成片开发建设的住宅小区工程;

(4) 利用外国政府或者国际组织贷款,援助资金的工程;

(5) 国家规定必须实行监理的其他工程。"

第36条规定:"工程监理单位应当依照法律、法规以及有关技术标准、设计文件和建设工程承包合同,代表建设单位对施工质量实施监理,并对施工质量承担监理责任。"第37条规定:"未经监理工程师签字,建筑材料、建筑物配件、设备不得在工程上使用或安装,施工单位不得进行下道工序的施工,未经总监理工程师签字,建设单位不得拨付工程款,不得进行竣工验收。"

《中华人民共和国安全生产法》、《建设项目安全生产管理条例》以及水利部发布的《水利工程建设安全生产管理规定》,对监理单位都提出了安全管理要求。《建设项目安全生产管理条例》第14条规定:"工程监理单位应当审查施工组织设计中的安全技术措施或者专项施工方案是否符合工程建设强制性标准。工程监理单位在实施监理过程中,发现存在安全事故隐患的,应当要求施工单位整改;情况严重的,应当要求施工单位暂时停止施工,并及时报告建设单位。施工单位拒不整改或者不停止施工的,工程监理单位应当及时向有关主管部门报告。工程监理单位和监理工程师应当按照法律、法规和工程建设强制性标准实施监理,并对建设工程安全生产承担监理责任。"

2010年2月1日施行的《水利水电工程标准施工招标文件》(2009年版),在合同通用条款中从材料和工程设备、施工安全、治安保卫、环境保护、进度、工程质量、变更和计量与支付及验收等方面规定了监理的权力和施工单位的工作程序。

由此可以看出,监理的权力和责任来自于法律、法规的要求和合同的授予,也是监理单位履行监理合同的根本要求,建造师应从思想上重视监理工作,配合好监理的工作,使工程建设顺利地进行。

#### 5.2.1.2 监理单位同各方的关系

水利工程建设中涉及的单位比较多,一般有建设单位、设计单位、施工单位、质量安全监督部门、水行政主管单位等,正确认识和理解这些单位的关系,有助于协调好各单位的关系。

1. 监理单位(监理人)和建设单位(发包人)的关系

依据《中华人民共和国建筑法》和《建设工程质量管理条例》的规定,受建设单位的委托监理单位代表建设单位实施监理。监理单位应当属于建设管理的一部分,只不过建设单位通过合同将一部分权力和责任委托给监理单位,因此监理单位同建设单位为委托和被委托的合同关系,而不是领导和被领导的关系,但是建设单位有权力要求监理单位履行合同,检查监理单位的工作。根据合同的授权,工程建设的进度、质量、造价、安全的控制与管理的权力和责任,建设单位通过合同授予了监理单位,监理单位应该在合同的授权范围内公正、独立、自主的开展工作。监理单位的公正性是由监理单位在工程建设中的地位决定的,因为监理单位不是工程建设施工合同当事人,同施工合同没有利害关系。监理单位独立、自主地开展工作是监理合同的要求,因为监理单位要承担监理合同责任,如果不能独立、自主地开展工作，责任难以承担，但是不能由此将监理单位看成独立的第三方，因为监理单位毕竟受建设单位的委托，为建设单位服务。

承包人应该明确建设单位和监理单位的关系，明确监理单位是工程质量、进度、造价、安全的管理者和责任者，需要报告的各种事宜应及时向监理单位报告，监理单位再根据事情的轻重缓急向建设单位报告，试图越过监理单位直接同建设单位联系沟通，只会造成不必要的矛盾，不利于承包人工作的开展。

2. 监理单位同设计单位的关系

监理单位同设计单位是通过建设单位联系的工作关系。《水利工程建设监理规定》（水利部令第 28 号）第 14 条规定："监理单位应按照监理合同，组织设计单位等进行现场设计交底，核查并签发施工图。未经总监理工程师签字的施工图不得用于施工。监理单位不得修改工程设计文件。"依据《中华人民共和国建筑法》第 32 条的规定："工程监理人员发现工程设计不符合建筑工程质量标准或合同约定的质量要求的，应当报告建设单位要求设计单位改正。"

承包人采用的一切工程设计图纸都应当是经过该工程的总监理工程师签字的文件，没有总监理工程师签字的设计文件不应用于施工。发现设计图纸中存在问题或者有好的建议应通过监理单位，由监理单位报告建设单位处理。

3. 监理单位（监理人）同施工单位（承包人）的关系

监理单位（也称监理人）和施工单位（也称承包人）是平等的主体关系，他们之间不存在合同关系，但是存在着监理和被监理的关系。监理单位受建设单位的委托，监督施工单位履行同建设单位的合同。接受监理是施工单位履行同建设单位签订的合同义务。建设监理是对人的行为的管理，监理单位主要检查资源的配置是否满足合同对进度的要求；原材料、施工工艺与施工方案等是否符合有关法规和规范对质量和安全的要求；审核工程结算资料。如果施工单位的资源配置可以满足进度的要求，原材料、施工工艺和施工方案等都能满足安全和质量的要求，监理单位不应对施工单位的施工安排、施工方法进行干预。即使监理单位有好的方法，也应以建议的方式提出。即使施工单位的方案存在问题，监理单位也只能通过方案的审查提出修正意见，监理单位不能也不应把自己的方案强加于施工单位。

施工单位应虚心听取监理单位的意见。其实从施工单位的角度来讲，监理单位的存在增加了质量、进度、安全的控制环节，保障了工程的进度、质量和安全，是建设单位为施工单位请来的参谋，有助于工程建设正常、顺利地进行。

## 5.2.2 施工准备阶段的工作

### 5.2.2.1 监理工作的开始

从整个工程来讲监理合同签署后监理工作就开始了，监理单位就应开始熟悉工程资料、制定监理规划和监理细则等工作。但是对施工单位来讲，监理工作开始于第一次工地会议。依据《水利工程建设项目施工监理规范》SL288—2003"第一次工地会议，应在合同项目开工令下达前举行，会议内容包括工程开工准备检查情况；介绍各方负责人及其授权代理人和授权内容；沟通相关信息；进行监理工作交底。”

通常情况下，第一次工地会议先由建设单位介绍工程的准备情况、介绍监理单位及总监理工程师、施工单位和项目经理，总监理工程师介绍监理人员和分工、介绍监理的工作程序和方法，施工单位介绍人员和分工、施工准备情况。此次会议以后，施工单位工作中需要同建设单位联系的事务就同监理单位联系，监理工作正式开始。

#### 5.2.2.2 承包人员的检查

开工前，施工单位应采用监理单位认可的统一表格向监理单位报组织机构和主要人员组成，监理单位主要核查项目部的组成人员是否同投标文件一致。若不一致，应事先经过建设单位的书面同意，否则会给以后工程带来麻烦，因为项目部的人员组成是各级主管部门检查的重点。

#### 5.2.2.3 承包人设备的检查

开工前，监理单位要对施工单位进场的施工设备的数量和规格、性能进行检查。施工单位应采用监理单位认可的统一表格，报监理单位核查。

#### 5.2.2.4 原材料及相关试验

工程正式施工前，监理单位需要对原材料检验及相关试验的情况进行检查。原材料包括用于回填土的料场土质及击实试验，用于混凝土的砂、石子、水泥、外加剂的检验，混凝土配合比试验，施工单位应当将相关资料报送监理单位审查。

#### 5.2.2.5 混凝土拌和系统

混凝土拌和系统安装调试结束后，施工单位应请计量检定机构对拌和系统的计量设备进行计量检定，施工单位应将检定结果报监理单位审核。

#### 5.2.2.6 工艺试验

工艺试验包括填土的碾压试验、地基处理的施工参数试验以及合同和规范要求的其他工艺试验等，施工单位应将试验结果报送监理单位审查。工艺试验容易被忽视，工艺参数的设置、试验的方法有时不能满足工艺试验的目的要求，达不到工艺试验的目的。

#### 5.2.2.7 施工组织设计等文件

尽管工程投标文件已经包括施工组织设计，但是那时的施工组织设计是根据招标文件提供的有限资料和一般施工经验，为了获得工程为目的而编制的。工程开工前的施工组织设计应当是在认真研究工程的基本条件和特点的基础上，针对本工程的更加详细的施工方案和总体构思，更有针对性的指导本工程的实施。施工组织设计完成、履行签字手续后报监理单位审查。

#### 5.2.2.8 工程项目划分

监理单位组织施工单位根据施工图纸和《水利水电工程施工质量检验与评定规程》

SL176—2007 进行项目划分，征得发包人同意后，报工程质量监督机构认定。

经过工程质量监督机构认定的项目划分，单元工程可以适当的变动，分部工程和单位工程的调整应经过工程质量监督机构的同意。

施工单位报送的上述文件或者监理单位要求的开工必需的其他文件获得监理单位的批准后，就可以申请工程开工，开工报告获得监理机构批准后工程即可以开工。

另须注意，施工单位报送的上述有关文件，是否需注册建造师签署应符合有关规定。

## 5.2.3 工程质量控制

影响工程质量的因素很多，在此不全面介绍监理单位的工程质量控制方法，仅着重介绍工程建设中容易产生矛盾的几个方面，分析矛盾的原因及正确做法。

### 5.2.3.1 原材料的检验

原材料经过检验合格后才可以用于工程，这是监理单位工作的基本原则也是保证工程质量的基本要求。尽管目前水泥产品质量相对稳定，但是这条原则仍然是监理单位的最基本的要求。这条各方都认可的基本原则，在工程实施过程中有时会遇到很大的困难，这是由于，如果工地采用的是散装水泥，那最少需要 2～3 个水泥散装罐。要保证工程的正常施工，水泥罐中始终有已经检验合格可用的水泥是基本的条件，而水泥的检验从进场到知道初步结果一般需要 5～7 天，如果没有足够的水泥罐，就不可能合理的周转，就没有时间对水泥进行检验。如果工程采用的是袋装水泥，那就需要有足够周转的水泥库房和水泥的合理的堆放位置，否则检验合格的水泥会被新来的水泥遮挡，无法使用。当出现因为周转问题或者工程进度紧张时期而使用检验结果未出来的水泥想法时，监理单位是不会同意的。为此，施工单位在工程的前期准备工作中就应当考虑材料的检验周转问题，配置足够的水泥罐或足够的水泥仓库，以满足工程原材料周转的最低要求。

### 5.2.3.2 工序的检验

上道工序未经检验合格，不得进行下道工序，这也是监理的基本工作原则，但是施工单位往往用各种理由想突破监理的底线。除非遇到影响安全的情况，这道底线监理人员是不能容忍突破的。如果施工单位突破了这道底线，监理单位会采取返工、不予计量的措施，导致监理和施工单位的矛盾。为了避免这些不必要的矛盾，施工单位应当早做安排，提前通知监理单位，及时进行验收。如果通知监理单位，监理人员没有及时进行验收，监理单位仍然有权进行再次检验。

### 5.2.3.3 设备的检验

性能好、效率高、操作方便、安全可靠、经济合理且数量足够的施工设备，是满足合同规定的工期和质量的基本的要求。用于工程的设备的型号、参数都应当同工地的条件相适应。不但在设备进场时监理人员要对设备进行检查，在使用过程中由于设备的老化，变形、磨损等原因，会影响设备的正常使用，从而影响工程质量，因此过程中监理人员会对设备的性能和状况进行定期和不定期的核查。尤其对计量设备，例如混凝土拌和站中的原材料计量设备，应经常检验计量设备的准确性，以避免由于计量不准带来的工程质量问题或者浪费。关于这一点容易被忽视。

### 5.2.4 工程投资控制

工程投资控制没有工程质量和进度那样受到人们的关注度高，但是其直接涉及施工单位的利益和建设单位的投资，而且还要面临审计、稽查等，因此做好投资控制工作是监理的重要工作内容。由于水利工程为单价合同，因此合理准确的计量是投资控制的基础。必需的变更和变更单价的合理确定以及不可避免的索赔费用的合理确定是工程投资控制的重要内容。

#### 5.2.4.1 工程计量与计量资料

工程计量的方法在《水利水电工程标准施工招标文件》（2009年版）的技术标准和要求中有规定。2007年7月1日施行的《水利工程工程量清单计价规范》GB 50501—2007中规定了每个项目的工作内容和计量规则。两个规定有矛盾时，以前者优先。建筑物工程的计量以设计图纸为计量依据。土方工程的开挖和回填需在开挖前测量天然地面，然后根据设计图纸的开挖和回填断面计算工程量。工程计量需要注意的是：在工程实施过程中就应完善计量资料，履行签字手续。监理单位应该遵循没有计量资料不予结算的原则。施工单位在过程中应积极完善计量资料，为尽快结算创造条件。

#### 5.2.4.2 工程变更与变更资料

工程变更可能由施工单位提出也可由建设单位提出，无论哪方提出都应履行完善手续。施工单位在收到监理单位发出的变更指示后，应向监理单位提交变更报价书。除专用合同另有约定外，依据中华人民共和国《标准施工招标文件》（2007年版，水利水电工程标准施工招标文件全文引用）变更的价款调整原则如下：

（1）已标价工程量清单中有适用于变更工作的子目的，采用该子目的单价。

（2）已标价工程量清单中无适用于变更工作的子目时，但有类似子目的，可在合理的范围内参照类似子目的单价，由监理人同合同当事人协商确定或审慎确定。

（3）已标价工程量清单中无适用或类似子目的单价，可按照成本加利润的原则，由监理人同合同当事人协商确定或审慎的确定。

工程变更是检查和竣工审计的重点，在变更的过程中应当收集完善资料，履行好签字手续。完整准确的变更资料是顺利通过审计的条件，这一点施工过程中容易被忽视。

#### 5.2.4.3 索赔

索赔是指在工程的建筑、安装阶段，建设工程合同的一方当事人因对方不履行合同义务或应由对方承担的风险事件发生而遭受的损失，向对方提出的索赔或者补偿的要求。索赔既可以由承包人向发包人提出也可由发包人向承包人提出。依据索赔的目的，索赔分为费用索赔和工期索赔。

承包人提出索赔的程序和期限，依据《水利水电工程标准施工招标文件》（2009年版）23.1条的规定：承包人在知道或应该知道索赔事件发生后28天内，提出索赔意向通知书并说明索赔事由，超过期限即丧失索赔权力。提出索赔意向通知书后28天内，承包人向监理人正式递交索赔通知书并提供证据。若索赔事件持续影响，应按照合理的时间间隔继续递交索赔通知书。在索赔事件结束后的28天内，承包人向监理人递交最终索赔通知书。监理人收到承包人的索赔通知书后42天内将索赔结果通知承包人。承包人接受结果的则索赔结束。承包人不接受结果的，可以友好协商解决或者提请争议评审组评审。合同当事人友好协商解决不成、不愿提请争议评审或者不接受争议评审组意见的，可采用专用合同条款中约定的方式解决。

#### 5.2.4.4 计日工

计日工是指对零星工作采取的一种计价方式，按照合同中的计日工子目及其单价计价支付。工程实施过程中，发包人认为有必要时，由监理人通知承包人以计日工方式实施变更的零星工作。计日工的费用在暂列金中支付。承包人每天提交报表和有关凭证报送监理人审批，内容包括工作名称、内容、数量、人员和数量、机械的型号和数量等内容。

工程实施过程中，发生计日工时，监理人应据实审核，承包人应完善资料，及时申报。

### 5.2.5 工程进度控制

对于水利工程来讲，度汛任务比较重要，进度受到人们的高度关注，但是进度控制中存在一些问题，一方面进度计划制定的不科学、不合理，也就难以完成；另一方面，进度计划成了摆设，没有很好的指导工程的实施。

#### 5.2.5.1 进度计划

承包人应编制进度计划报监理人，经监理人批准的施工进度计划称为合同进度计划，是控制合同工程进度的依据。承包人还应根据合同进度计划编制更为详细的分阶段或分项进度计划。工程实施过程中，除总进度计划外，还有年、季、月施工进度计划，在每周的监理例会上还有周进度计划。

#### 5.2.5.2 进度的保障措施

进度计划制订的目的是为了指导施工，根据施工的进度计划配置资源。为了实现进度计划，施工单位应从工序安排的逻辑关系、人力、材料、施工设备等资源的配置和施工强度的合理性以及工程的合同工期目标来编制进度计划，这也是监理单位审核进度计划的重点。要保证进度计划的落实，首先计划的制订要合理，配置的资源能保证计划的实现，否则进度计划只能成为摆设，不能起到指导工程的作用。

#### 5.2.5.3 进度出现偏差的调整

工程进度是动态的，由于各种原因，工程的实际进度同进度计划可能有偏离，这时应同总进度计划对比，应弄清偏离的状况，分析原因，确定适当的调整措施。保证工程的总进度计划的实现是调整的根本目标和要求。

## 5.2.6 安全生产与环境保护

### 5.2.6.1 安全生产

《中华人民共和国安全生产法》作为建设领域安全的基本法律，规定了安全生产的原则、制度、要求和责任。《水利工程建设安全生产管理规定》规定了项目法人、监理单位和施工单位的安全责任。安全工作越来越受到人们的重视。建设单位授权监理单位按照合同的安全工作内容监督检查承包人安全工作的实施，组织施工单位和有关单位进行安全检查。监理单位应督促施工单位建立健全施工安全保障体系和安全管理规章制度，对职工进行安全教育和培训；监理单位应对施工组织设计中的施工安全措施进行审核，必要时要求施工单位编制专项安全方案。对施工安全措施进行监督检查。施工单位应加强安全管理，增加安全投入，保障安全生产。

### 5.2.6.2 环境保护

环境保护受到人们的高度关注，但是具体到工程施工，同工程的质量、进度、安全相比，却是个软任务。监理单位应要求施工单位按照合同的约定，编制施工环境管理和保护方案，并对落实情况进行检查。施工单位应履行合同义务保护环境，对施工中的废水、废气、废渣进行妥善的处理，尽力减少粉尘污染。

## 5.2.7 信息管理

工程开始前，监理单位应对工程的文档资料收集分类等提出统一的要求，研究制定统一的格式样本。工程施工的资料应真实地记录工程的过程和状况。工程资料是各级检查的重点。监理单位应在工程实施过程中检查落实，发现问题及时解决，达到资料同工程同步，资料同工程同时完成，这是工程建设中需要加强的环节。这里主要介绍几个需重点关注的问题。

### 5.2.7.1 文件的发送和回复

工程实施过程中应做好文件的签字和签收工作，需要回复的应及时回复。例如，施工单位收到监理工程师通知时，若通知中指出某种存在的问题，施工单位应及时回复，说明对监理工程师通知指出的问题采取的措施，措施的效果。

### 5.2.7.2 资料的收集与整理

工程实施前应按照《水利工程建设项目档案管理规定》和工程的实际制定细则，明确资料的收集范围和内容。工程实施过程中应及时的收集、整理和归档这些资料。监理单位应定期或不定期的检查资料的收集情况，施工单位也应经常进行检查，保证资料的完整性。

#### 5.2.7.3 资料的质量要求

施工资料的真实、准确、完整是对资料的基本要求。资料要同工程进度一致，资料的填写应反映工程实际。但是在实际工作中存在种种问题，例如，日志记录太笼统，不能从记录中提供有用的信息。又如，单元评定资料没有针对性，有点像通用表格，换个工程名称其他工地也可以使用，资料给人们的有用信息较少。为此监理单位应在工程实施前召开资料专题会议，明确对资料填写的统一要求。承包人也应认真对待资料，专人负责，事前认真研究。

### 5.2.8 工程验收

依据《水利工程建设项目验收管理规定》（水利部令 30 号）和《水利水电建设工程验收规程》SL223—2008 的规定，工程验收分为法人验收和政府验收。法人验收分为分部工程、单位工程、单项合同工程等验收，政府验收包括阶段验收和竣工验收。这里着重说明竣工验收前应注重的工作。竣工验收是工程建设的尾声，参建各方的精神有可能松懈、人员也会因为事情减少而调整。

#### 5.2.8.1 工程的检查

验收前工程已经基本完成，监理单位应当组织有关单位对工程进行一次全面的检查，检查工程外观有无破损、有无污渍；沉降缝的变形情况；对电气、机械进行运行试验，对自动化设备再进行一次运行检验等工作。施工单位也应对每个环节责任到人，进行检查，发现问题及时进行处理。

#### 5.2.8.2 资料的检查

历次验收，资料和工程外观都是检查的重点。监理单位应组织有关单位对拟验收工程的资料进行检查整理，需要分析的资料应分析，提出初步结果。

#### 5.2.8.3 验收的程序

当工程具备验收条件时，施工单位即可以向监理单位报送验收申请，监理单位收到施工单位的验收申请后，应审查申请报告的各项内容，不具备验收条件的应在合同规定的期限内通知施工单位。具备验收条件的应在合同规定的期限内提请发包人进行工程验收。这是正常的应该执行的程序，否则工作时常被动。

### 5.2.9 工程建设中易被忽视的工作

在工程建设中下列工作常常被忽略，却是非常重要的工作，也是工程验收专家关注的焦点，在此进一步说明，以使各方面更加重视。

#### 5.2.9.1 观测资料

水利工程的观测资料包括沉降、水平位移、测压管水位等资料。

沉降资料是衡量建筑物是否稳定的重要依据，尤其对置于软基处理地基上的建筑物，沉降资料是判别软基处理效果、地基是否完成固结沉降的重要依据。但如此重要的工作常常被人们忽视。例如，某工程为长江流域的穿堤箱涵，在验收前进行了沉降测量。提交验收会的沉降资料显示某一沉降缝两侧的高程相差2cm，使验收组疑虑较多，后经现场检查为测量错误。另一工程为淮河流域的一座水闸，由于沉降基准点选择不当，造成沉降资料自相矛盾，后虽采取了补救措施，使沉降资料可以解释工程实际，但某一时段的沉降曲线不完整。为避免这种现象的发生，使沉降资料准确、真实地反映工程的沉降情况，应于工程正式开工前详细研究工程的平面布置，设置合理的沉降观测基点，配置满足规范要求的测量仪器。在测量过程中，专人、定时进行测量，测量后应对资料及时进行整理分析，发现异常应分析原因及时复测。如此可以使沉降资料准确完整。

对于承受水平力的水利工程，应进行水平位移观测。有防渗要求的需进行测压管水位的观测。对于目前正在实施的水库加固工程，采用防渗墙加固的水库，测压管水位观测资料是对加固效果的最好检验。可惜这样重要的观测资料往往没有进行或不完整。

#### 5.2.9.2 资料的收集与整理

工程实施前应按照《水利工程建设项目档案管理规定》和工程的实际制定资料管理细则，明确资料的收集范围和内容。工程实施过程中应及时收集、整理和归档这些资料。真正做到资料与工程同步，最后验收时只是对资料的整理和完善而不是增补。资料存在的主要问题是没有针对性、签字不完善、填写不规范、资料不完整。参建各方都应高度重视资料工作，认真收集、整理完善资料。

### 5.2.10 工程质量保修期的工作

缺陷责任期（工程质量保修期）从工程通过合同工程完工验收后开始算起。在合同工程完工验收前，已经发包人提前验收的单位工程或分部工程，若未投入使用，其工程质量保修期也从工程通过合同工程完工验收后开始计算；若已经投入使用，其工程质量保修期从单位工程或分部工程投入使用验收后开始计算。对工程质量保修期出现的缺陷，此时工程可能已经移交给了管理单位，承包人应及时进行处理，并应积极满足管理单位的合理要求。

# 6　注册建造师相关制度介绍

## 6.1　水利水电工程执业工程范围解读

### 6.1.1　注册建造师执业工程范围

建设部《注册建造师执业管理办法（试行）》（建市［2008］48号）第4条规定："注册建造师应当在其注册证书所注明的专业范围内从事建设工程施工管理活动，具体执业按照本办法附件《注册建造师执业工程范围》执行。未列入或新增工程范围由国务院建设主管部门会同国务院有关部门另行规定。"规定中提到的注册建造师执业工程范围具体详见表6-1（以下简称《执业范围表》）。

**表6-1　注册建造师执业工程范围**

| 序号 | 注册专业 | 工程范围 |
|---|---|---|
| 1 | 建筑工程 | 房屋建筑、装饰装修，地基与基础、土石方、建筑装修装饰、建筑幕墙、预拌商品混凝土、混凝土预制构件、园林古建筑、钢结构、高耸建筑物、电梯安装、消防设施、建筑防水、防腐保温、附着升降脚手架、金属门窗、预应力、爆破与拆除、建筑智能化、特种专业 |
| 2 | 公路工程 | 公路，地基与基础、土石方、预拌商品混凝土、混凝土预制构件、钢结构、消防设施、建筑防水、防腐保温、预应力、爆破与拆除、公路路面、公路路基、公路交通、桥梁、隧道、附着升降脚手架、起重设备安装、特种专业 |
| 3 | 铁路工程 | 铁路，土石方、地基与基础、预拌商品混凝土、混凝土预制构件、钢结构、附着升降脚手架、预应力、爆破与拆除、铁路铺轨架梁、铁路电气化、铁路桥梁、铁路隧道、城市轨道交通、铁路电务、特种专业 |
| 4 | 民航机场工程 | 民航机场，土石方、预拌商品混凝土、混凝土预制构件、钢结构、高耸构筑物、电梯安装、消防设施、建筑防水、防腐保温、附着升降脚手架、金属门窗、预应力、爆破与拆除、建筑智能化、桥梁、机场场道、机场空管、航站楼弱电系统、机场目视助航、航油储运、暖通、空调、给排水、特种专业 |
| 5 | 港口与航道工程 | 港口与航道，土石方、地基与基础、预拌商品混凝土、混凝土预制构件、消防设施、建筑防水、防腐保温、附着升降脚手架、爆破与拆除、港口及海岸、港口装卸设备安装、航道、航运梯级、通航设备安装、水上交通管制、水工建筑物基础处理、水工金属结构制作与安装、船台、船坞、滑道、航标、灯塔、栈桥、人工岛、筒仓、堆场道路及陆域构筑物、围堤、护岸、特种专业 |
| 6 | 水利水电工程 | 水利水电，土石方、地基与基础、预拌商品混凝土、混凝土预制构件、钢结构、建筑防水、消防设施、起重设备安装、爆破与拆除、水工建筑物基础处理、水利水电金属结构制作与安装、水利水电机电设备安装、河湖整治、堤防、水工大坝、水工隧洞、送变电、管道、无损检测、特种专业 |
| 7 | 矿业工程 | 矿山，地基与基础、土石方、高耸构筑物、消防设施、防腐保温、环保、起重设备安装、管道、预拌商品混凝土、混凝土预制构件、钢结构、建筑防水、爆破与拆除、隧道、窑炉、特种专业 |

续表

| 序号 | 注册专业 | 工程范围 |
| --- | --- | --- |
| 8 | 市政公用工程 | 市政公用，土石方、地基与基础、预拌商品混凝土、混凝土预制构件、预应力、爆破与拆除、环保、桥梁、隧道、道路路面、道路路基、道路交通、城市轨道交通、城市及道路照明、体育场地设施、给排水、燃气、供热、垃圾处理、园林绿化、管道、特种专业 |
| 9 | 通信与广电工程 | 通信与广电，通信线路、微波通信、传输设备、交换、卫星地球站、移动通信基站、数据通信及计算机网络、本地网、接入网、通信管道、通信电源、综合布线、信息化工程、铁路信号、特种专业 |
| 10 | 机电工程 | 机电、石油化工、电力、冶炼，钢结构、电梯安装、消防设施、防腐保温、起重设备安装、机电设备安装、建筑智能化、环保、电子、仪表安装、火电设备安装、送变电、核工业、炉窑、冶炼机电设备安装、化工石油设备、管道安装、管道、无损检测、海洋石油、体育场地设施、净化、旅游设施、特种专业 |

### 6.1.2 关于注册专业的说明

《执业范围表》中注册专业的划分总体上与《建筑业企业资质等级标准》中施工总承包企业的专业划分以及《关于建造师专业划分有关问题的通知》中建造师的专业划分相衔接。

2003 年建设部发布的《关于建造师专业划分有关问题的通知》（建市［2003］232 号）中，依据建设工程项目的特点对建造师划分了 14 个专业，包括房屋建筑工程、公路工程、铁路工程、民航机场工程、港口与航道工程、水利水电工程、电力工程、矿山工程、冶炼工程、石油化工工程、市政公用与城市轨道工程、通信与广电工程、机电安装工程、装饰装修工程。其中除装饰装修工程和民航机场工程外，其余 12 个专业是与《建筑业企业资质等级标准》中的 12 个工程专业相一致的。

为适应建筑市场发展需要，有利于建设工程项目与施工管理，人事部办公厅以《关于建造师资格考试相关科目专业类别调整有关问题的通知》（国人厅发［2006］213 号）对建造师资格考试《专业工程管理与实务》科目的专业类别进行调整，主要调整如下：

（1）合并的专业类别。

1）将原“房屋建筑、装饰装修”合并为“建筑工程”。

2）将原“矿山、冶炼（土木部分内容）”合并为“矿业工程”。

3）将原“电力、石油化工、机电安装、冶炼（机电部分内容）”合并为“机电工程”。

（2）保留的专业类别。此次调整中未变动的专业类别有 7 个，即公路、铁路、民航机场、港口与航道、水利水电、市政公用、通信与广电。

（3）调整后的专业类别。调整后的一级建造师资格考试《专业工程管理与实务》科目设置 10 个专业类别，即建筑工程、公路工程、铁路工程、民航机场工程、港口与航道工程、水利水电工程、市政公用工程、通信与广电工程、矿业工程、机电工程。《执业范围表》中注册专业的划分是和调整后的上述 10 个专业类别统一的。

根据《一级建造师注册实施办法》，注册证书所注明的专业范围亦是指上述 10 个专业类别。

### 6.1.3　关于工程范围的说明

《执业范围表》中各注册专业工程范围的划分是以《建筑业企业资质等级标准》中专业承包企业的60个专业为基础的。这60个专业包括：房屋建筑、装饰装修、地基与基础、土石方、建筑装修装饰、建筑幕墙、预拌商品混凝土、混凝土预制构件、园林古建筑、钢结构、高耸建筑物、电梯安装、消防设施、建筑防水、防腐保温、附着升降脚手架、金属门窗、预应力、起重设备安装、机电设备安装、爆破与拆除、建筑智能化、环保、电信、电子、桥梁、隧道、公路路面、公路路基、公路交通、铁路电务、铁路铺轨架梁、铁路电气化、机场场道、机场空管及航站楼弱电系统、机场目视助航、港口及海岸、港口装卸设备安装、航道、通航建筑、通航设备安装、水上交通管制、水工建筑物基础处理、水利水电金属结构制作与安装、水利水电机电设备安装、河湖整治、堤防、水工大坝、水工隧洞、火电设备安装、送变电、核工业、炉窑、冶炼机电设备安装、化工石油设备管道安装、管道、无损检测、海洋石油、城市轨道交通、城市及道路照明、体育场地设施、特种专业。

建设部《建筑业企业资质管理规定实施意见》明确《建筑业企业资质等级标准》中涉及水利方面的资质包括：水利水电工程施工总承包（水利专业）企业资质；水工建筑物基础处理工程专业、水工金属结构制作与安装工程专业、河湖整治工程专业、堤防工程专业、水利水电机电设备安装工程专业（水利专业）、水工大坝工程专业、水工隧洞工程专业共7个专业承包企业资质。

涉及多个专业部门的资质包括：钢结构工程专业承包企业资质、桥梁工程专业承包企业资质、隧道工程专业承包企业资质、核工程专业承包企业资质、海洋石油专业承包企业资质、爆破与拆除工程专业承包企业资质。其中，钢结构工程和爆破与拆除工程两个专业亦纳入水利水电工程专业。

另外，为将来建造师执业留有适当的空间，在上述基础上，水利水电工程专业的执业工程范围补充增加了土石方、地基与基础、预拌商品混凝土、混凝土预制构件、建筑防水、消防设施、起重设备安装、送变电、管道、无损检测、特种专业11个专业。这样就形成了表中所列的21个工程范围，包括工程总承包企业的水利水电工程专业和专业承包企业的20个专业。

### 6.1.4　水利水电工程工程范围的具体工程内容

(1) 水利水电工程，不同类型的大坝、电站厂房、引水和泄水建筑物、通航建筑物、基础工程、导截流工程、砂石料生产、水轮发电机组、输变电工程的建筑安装；金属结构制作安装；压力钢管、闸门制作安装；堤防加高加固、泵站、涵洞、隧道、施工公路、桥梁、河道疏浚、灌溉、排水工程施工。

(2) 水利水电金属结构制作与安装工程，各类钢管、闸门、拦污栅等水工金属结构的制作、安装及启闭机的安装。

(3) 水利水电机电设备安装工程，各类水电站、泵站主机（各类水轮发电机组、水泵机组）及其附属设备和水电（泵）站电气设备的安装工程。

(4) 河湖整治工程，各类河道、湖泊的河势控导、险工处理、疏浚、填塘固基工程。

(5) 堤防工程专业，各类堤防的堤身填筑、堤身除险加固、防渗导渗、填塘固基、堤防水下工程、护坡护岸、堤顶硬化、堤防绿化、生物防治和穿堤、跨堤建筑物（不含单独立项的分洪闸、进水闸、排水闸、挡潮闸等）工程。

(6) 水工大坝工程，各类坝型的坝基处理、永久和临时水工建筑物及其辅助生产设施的施工。

(7) 水工隧洞工程，各类有压或明流隧洞工程和与其相应的进出口工程的开挖、临时和永久支护、回填与固结灌浆、金属结构预埋件等工程，以及辅助生产设施的施工。

## 6.2　水利水电工程执业工程规模标准解读

### 6.2.1　注册建造师执业工程规模标准

《注册建造师执业管理办法（试行）》（建市［2008］48 号）第 5 条规定："大中型工程施工项目负责人必须由本专业注册建造师担任。一级注册建造师可担任大、中、小型工程施工项目负责人，二级注册建造师可以承担中、小型工程施工项目负责人。

各专业大、中、小型工程分类标准按《关于印发〈注册建造师执业工程规模标准〉（试行）的通知》（建市［2007］171 号）执行。"

注册建造师执业工程规模标准是按照建造师的 14 个专业分别进行划分的。建造师的 14 个专业包括：房屋建筑工程、公路工程、铁路工程、民航机场工程、港口与航道工程、水利水电工程、电力工程、矿山工程、冶炼工程、石油化工工程、市政公用与城市轨道工程、通信与广电工程、机电安装工程、装饰装修工程。其中水利水电工程专业执业工程规模标准详见表 6-2。

表 6-2　注册建造师执业工程规模标准（水利水电工程）

| 序号 | 工程类别 | 项目名称 | 单位 | 规模 | | | 备注 |
|---|---|---|---|---|---|---|---|
| | | | | 大型 | 中型 | 小型 | |
| 1 | 水库工程（蓄水枢纽工程） | | 亿立方米 | ≥1.0 | 1.0～0.001 | <0.001 | 总库容（总蓄水容积） |
| | | 主要建筑物工程（包括大坝、隧洞、溢洪道、电站厂房、船闸等） | 级 | 1、2 | 3、4、5 | | 建筑物级别 |
| | | 次要建筑物工程 | 级 | | 3、4 | 5 | 建筑物级别 |
| | | 临时建筑物工程 | 级 | | 3、4 | 5 | 建筑物级别 |
| | | 基础处理工程 | 级 | 1、2 | 3、4、5 | | 相应建筑物级别 |
| | | 金属结构制作与安装工程 | 级 | 1、2 | 3、4、5 | | 相应建筑物级别 |
| | | 机电设备安装工程 | 级 | 1、2 | 3、4、5 | | 相应建筑物级别 |

续表

| 序号 | 工程类别 | 项目名称 | 单位 | 规模 | | | 备注 |
|---|---|---|---|---|---|---|---|
| | | | | 大型 | 中型 | 小型 | |
| 2 | 防洪工程 | | | 特别重要、重要 | 中等、一般 | | 保护城镇及工矿企业的重要性 |
| | | | $10^4$ 亩 | ≥100 | 100～5 | <5 | 保护农田 |
| | | 主要建筑物工程 | 级 | 1、2 | 3、4 | 5 | 建筑物级别 |
| | | 次要建筑物工程 | 级 | | 3、4 | 5 | 建筑物级别 |
| | | 临时建筑物工程 | 级 | | 3、4 | 5 | 建筑物级别 |
| | | 基础处理工程 | 级 | 1、2 | 3、4 | 5 | 相应建筑物级别 |
| | | 金属结构制作与安装工程 | 级 | 1、2 | 3、4 | 5 | 相应建筑物级别 |
| | | 机电设备安装工程 | 级 | 1、2 | 3、4 | 5 | 相应建筑物级别 |
| 3 | 治涝工程 | | $10^4$ 亩 | ≥60 | 60～3 | <3 | 治涝面积 |
| | | 主要建筑物工程 | 级 | 1、2 | 3、4 | 5 | 建筑物级别 |
| | | 次要建筑物工程 | 级 | | 3、4 | 5 | 建筑物级别 |
| | | 临时建筑物工程 | 级 | | 3、4 | 5 | 建筑物级别 |
| | | 基础处理工程 | 级 | 1、2 | 3、4 | 5 | 相应建筑物级别 |
| | | 金属结构制作与安装工程 | 级 | 1、2 | 3、4 | 5 | 相应建筑物级别 |
| | | 机电设备安装工程 | 级 | 1、2 | 3、4 | 5 | 相应建筑物级别 |
| 4 | 灌溉工程 | | $10^4$ 亩 | ≥50 | 50～0.5 | <0.5 | 灌溉面积 |
| | | 主要建筑物工程 | 级 | 1、2 | 3、4 | 5 | 建筑物级别 |
| | | 次要建筑物工程 | 级 | | 3、4 | 5 | 建筑物级别 |
| | | 临时建筑物工程 | 级 | | 3、4 | 5 | 建筑物级别 |
| | | 基础处理工程 | 级 | 1、2 | 3、4 | 5 | 相应建筑物级别 |
| | | 金属结构制作与安装工程 | 级 | 1、2 | 3、4 | 5 | 相应建筑物级别 |
| | | 机电设备安装工程 | 级 | 1、2 | 3、4 | 5 | 相应建筑物级别 |
| 5 | 供水工程 | | | 特别重要、重要 | 中等、一般 | | 供水对象重要性 |
| | | 主要建筑物工程 | 级 | 1、2 | 3、4 | | 建筑物级别 |
| | | 次要建筑物工程 | 级 | | 3、4 | 5 | 建筑物级别 |
| | | 临时建筑物工程 | 级 | | 3、4 | 5 | 建筑物级别 |
| | | 基础处理工程 | 级 | 1、2 | 3、4 | 5 | 相应建筑物级别 |
| | | 金属结构制作与安装工程 | 级 | 1、2 | 3、4 | 5 | 相应建筑物级别 |
| | | 机电设备安装工程 | 级 | 1、2 | 3、4 | 5 | 相应建筑物级别 |

续表

| 序号 | 工程类别 | 项目名称 | 单位 | 规模 | | | 备注 |
|---|---|---|---|---|---|---|---|
| | | | | 大型 | 中型 | 小型 | |
| 6 | 发电工程 | | $10^4$kW | ≥30 | 30～1 | <1 | 装机容量 |
| | | 主要建筑物工程（包括大坝、隧洞、溢洪道、电站厂房、船闸等） | 级 | 1、2 | 3、4 | 5 | 建筑物级别 |
| | | 次要建筑物工程 | 级 | | 3、4 | 5 | 建筑物级别 |
| | | 临时建筑物工程 | 级 | | 3、4 | 5 | 建筑物级别 |
| | | 基础处理工程 | 级 | 1、2 | 3、4 | 5 | 相应建筑物级别 |
| | | 金属结构制作与安装工程 | 级 | 1、2 | 3、4 | 5 | 相应建筑物级别 |
| | | 机电设备安装工程 | 级 | 1、2 | 3、4 | 5 | 相应建筑物级别 |
| 7 | 拦河水闸工程 | | $m^3/s$ | ≥1000 | 1000～20 | <20 | 过闸流量 |
| | | 主要建筑物工程 | 级 | 1、2 | 3、4 | 5 | 建筑物级别 |
| | | 次要建筑物工程 | 级 | | 3、4 | 5 | 建筑物级别 |
| | | 临时建筑物工程 | 级 | | 3、4 | 5 | 建筑物级别 |
| | | 基础处理工程 | 级 | 1、2 | 3、4 | 5 | 相应建筑物级别 |
| | | 金属结构制作与安装工程 | 级 | 1、2 | 3、4 | 5 | 相应建筑物级别 |
| | | 机电设备安装工程 | 级 | 1、2 | 3、4 | 5 | 相应建筑物级别 |
| 8 | 引水枢纽工程 | | $m^3/s$ | ≥50 | 50～2 | <2 | 引水流量 |
| | | 主要建筑物工程 | 级 | 1、2 | 3、4 | 5 | 建筑物级别 |
| | | 次要建筑物工程 | 级 | | 3、4 | 5 | 建筑物级别 |
| | | 临时建筑物工程 | 级 | | 3、4 | 5 | 建筑物级别 |
| | | 基础处理工程 | 级 | 1、2 | 3、4 | 5 | 相应建筑物级别 |
| | | 金属结构制作与安装工程 | 级 | 1、2 | 3、4 | 5 | 相应建筑物级别 |
| | | 机电设备安装工程 | 级 | 1、2 | 3、4 | 5 | 相应建筑物级别 |
| 9 | 泵站工程（提水枢纽工程） | | $m^3/s$ | ≥50 | 50～2 | <2 | 装机流量 |
| | | | $10^4$kW | ≥1 | 1～0.01 | <0.01 | 装机功率 |
| | | 主要建筑物工程 | 级 | 1、2 | 3、4 | 5 | 建筑物级别 |
| | | 次要建筑物工程 | 级 | | 3、4 | 5 | 建筑物级别 |
| | | 临时建筑物工程 | 级 | | 3、4 | 5 | 建筑物级别 |
| | | 基础处理工程 | 级 | 1、2 | 3、4 | 5 | 相应建筑物级别 |
| | | 金属结构制作与安装工程 | 级 | 1、2 | 3、4 | 5 | 相应建筑物级别 |
| | | 机电设备安装工程 | 级 | 1、2 | 3、4 | 5 | 相应建筑物级别 |

续表

| 序号 | 工程类别 | 项目名称 | 单位 | 规模 | | | 备注 |
|---|---|---|---|---|---|---|---|
| | | | | 大型 | 中型 | 小型 | |
| 10 | 堤防工程 | | 重现期（年） | ≥50 | 50～20 | <20 | 防洪标准 |
| | | 堤基处理及防渗工程 | 级 | 1、2 | 3、4 | 5 | 堤防级别 |
| | | 堤身填筑（含戗台、压渗平台）及护坡工程 | 级 | 1、2 | 3、4 | 5 | 堤防级别 |
| | | 交叉、连接建筑物工程（含金属结构与机电设备安装） | 级 | 1、2 | 3、4 | 5 | 堤防级别 |
| | | 填塘固基工程 | 级 | | 1、2、3 | 4、5 | 堤防级别 |
| | | 堤顶道路（含坡道）工程 | 级 | | 1、2、3 | 4、5 | 堤防级别 |
| | | 堤岸防护工程 | 级 | | 1、2、3 | 4、5 | 堤防级别 |
| 11 | 灌溉渠道或排水沟 | | $m^3/s$ | ≥300 | 300～20 | <20 | 灌溉流量 |
| | | | $m^3/s$ | ≥500 | 500～50 | <50 | 排水流量 |
| | | | 级 | 1 | 2、3 | 4、5 | 工程级别 |
| 12 | 灌排建筑物 | | $m^3/s$ | ≥100 | 100～5 | <5 | 过水流量 |
| | | 永久建筑物工程 | 级 | 1、2 | 3、4 | 5 | 建筑物级别 |
| | | 临时建筑物工程 | 级 | | 3、4 | 5 | 建筑物级别 |
| | | 基础处理工程 | 级 | 1、2 | 3、4 | 5 | 相应建筑物级别 |
| | | 金属结构制作与安装工程 | 级 | 1、2 | 3、4 | 5 | 相应建筑物级别 |
| | | 机电设备安装工程 | 级 | 1、2 | 3、4 | 5 | 相应建筑物级别 |
| 13 | 农村饮水工程 | | 万元 | ≥3000 | 3000～200 | <200 | 单项合同额 |
| 14 | 河湖整治工程（含疏浚、吹填工程等） | | 万元 | ≥3000 | 3000～200 | <200 | 单项合同额 |
| 15 | 水土保持工程（含防浪林） | | 万元 | ≥3000 | 3000～200 | <200 | 单项合同额 |
| 16 | 环境保护工程 | | 万元 | ≥3000 | 3000～200 | <200 | 单项合同额 |
| 17 | 其他 | 其他强制要求招标的项目或上述小型工程项目 | 万元 | ≥3000 | 3000～200 | <200 | 单项合同额 |

注：1. 大中型工程项目负责人必须由本专业注册建造师担任，其中大型工程项目负责人必须由本专业一级注册建造师担任。

2. 对综合利用的水利水电工程，当各综合利用项目的分等（级）指标对应的规模不同时，应按最高规模确定；

3. 水利水电工程包含的通航、过木（竹）、桥梁、公路、港口和渔业等建筑物，注册建造师执业工程规模标准应参照本表中相关工程类别确定。

### 6.2.2　关于工程类别划分的说明

表中工程类别共划分为 17 类，包括：(1) 水库工程（蓄水枢纽工程）、(2) 防洪工程、(3) 治涝工程、(4) 灌溉工程、(5) 供水工程、(6) 发电工程、(7) 拦河水闸工程、(8) 引水枢纽工程、(9) 泵站工程（提水枢纽工程）、(10) 堤防工程、(11) 灌溉渠道或排水沟、(12) 灌排建筑物、(13) 农村饮水工程、(14) 河湖整治工程（含疏浚、吹填工程等）、(15) 水土保持工程（含防浪林）、(16) 环境保护工程以及 (17) 其他（其他强制要求招标的项目或上述小型工程项目）。

上述类别的划分主要依据三个标准，即《水利水电工程等级划分及洪水标准》SL 252—2000、《灌溉与排水工程设计规范》GB 50288—99 和《堤防工程设计规范》GB/T 50286—98，涵盖了水利水电工程及其他水利工程的主要分类，以便于在实际运用中的操作。

### 6.2.3　关于项目名称分类的说明

表中 (1) 水库工程（蓄水枢纽工程）、(2) 防洪工程等 10 个工程类别中的项目名称是根据建筑物的重要性及其包含的主要专业来划分的，并与现场施工标段划分的需要相适应。施工单位承担的可能是枢纽工程，也可能是枢纽工程中的一部分，包括永久性主要建筑物、永久性次要建筑物、临时性建筑物、基础处理工程、金属结构制作与安装工程、机电设备安装工程 6 个方面。

堤防工程是依据其具体工程内容来划分的，并与现场施工标段划分的需要相适应，其项目名称包括堤基处理及防渗工程，堤身填筑（含戗台、压渗平台）及护坡工程，交叉、连接建筑物工程（含金属结构与机电设备安装），填塘固基工程，堤顶道路（含坡道）工程，以及堤岸防护工程 6 个方面。

灌溉渠道或排水沟、农村饮水工程、河湖整治工程（含疏浚、吹填工程等）、水土保持工程（含防浪林）、环境保护工程以及其他（其他强制要求招标的项目或上述小型工程项目）6 个类别的工程未再进行项目划分。

### 6.2.4　关于规模标准的说明

#### 6.2.4.1　水利水电工程执业工程规模标准确定的原则

(1) 与注册建造师执业管理相关规定相结合。

(2) 与现行有关划分工程等别与建筑物级别的规程、规范相衔接。

(3) 便于注册建造师在执业过程中的操作。

#### 6.2.4.2　水利水电工程工程等别及建筑物级别

在确定建造师执业工程规模标准前，先分析一下水利水电工程分等（级）指标的有关规定，根据《水利水电工程等级划分及洪水标准》SL 252—2000，水利水电工程分等指标见表6-3，拦河水闸工程、引水枢纽工程等其他水利工程分等指标见相关规范。

**表6-3 水利水电工程分等指标**

| 工程等别 | 工程规模 | 水库总库容($10^8 m^3$) | 防洪 | | 治涝 | 灌溉 | 供水 | 发电 |
|---|---|---|---|---|---|---|---|---|
| | | | 保护城镇及工矿企业的重要性 | 保护农田($10^4$ 亩) | 治涝面积($10^4$ 亩) | 灌溉面积($10^4$ 亩) | 供水对象重要性 | 装机容量($10^4$kW) |
| Ⅰ | 大(1)型 | ≥10 | 特别重要 | ≥500 | ≥200 | ≥150 | 特别重要 | ≥120 |
| Ⅱ | 大(2)型 | 10～1.0 | 重要 | 500～100 | 200～60 | 150～50 | 重要 | 120～30 |
| Ⅲ | 中型 | 1.0～0.1 | 中等 | 100～30 | 60～15 | 50～5 | 中等 | 30～5 |
| Ⅳ | 小(1)型 | 0.1～0.01 | 一般 | 30～5 | 15～3 | 5～0.5 | 一般 | 5～1 |
| Ⅴ | 小(2)型 | 0.01～0.001 | | <5 | <3 | <0.5 | | <1 |

水利水电工程的永久性建筑物的级别，根据其所在工程的等别和建筑物的重要性，按表6-4确定。

**表6-4 永久性水工建筑物的级别**

| 工程等别 | 主要建筑物 | 次要建筑物 |
|---|---|---|
| Ⅰ | 1 | 3 |
| Ⅱ | 2 | 3 |
| Ⅲ | 3 | 4 |
| Ⅳ | 4 | 5 |
| Ⅴ | 5 | 5 |

根据《堤防工程设计规范》GB/T 50286—98，堤防工程的级别应按表6-5确定。

**表6-5 堤防工程的级别**

| 防洪标准［重现期(年)］ | ≥100 | <100，且≥50 | <50，且≥30 | <30，且≥20 | <20，且≥10 |
|---|---|---|---|---|---|
| 堤防工程的级别 | 1 | 2 | 3 | 4 | 5 |

水利水电工程施工期使用的临时性挡水和泄水建筑物的级别，根据其保护对象的重要性、失事后果、使用年限和临时性建筑物规模，按表6-6确定。

**表6-6 临时性水工建筑物级别**

| 级别 | 保护对象 | 失事后果 | 使用年限(年) | 临时性水工建筑物规模 | |
|---|---|---|---|---|---|
| | | | | 高度(m) | 库容($10^8 m^3$) |
| 3 | 有特殊要求的1级永久性水工建筑物 | 淹没重要城镇、工矿企业、交通干线或推迟总工期及第一台(批)机组发电，造成重大灾害和损失 | >3 | >50 | >1.0 |
| 4 | 1、2级永久性水工建筑物 | 淹没一般城镇、工矿企业、交通干线或影响总工期及第一台(批)机组发电，造成较大经济损失 | 3～1.5 | 50～15 | 1.0～0.1 |
| 5 | 3、4级永久性水工建筑物 | 淹没基坑，但对总工期及第一台(批)机组发电影响不大，经济损失较小 | <1.5 | <15 | <0.1 |

### 6.2.4.3 注册建造师执业工程规模标准与水利水电工程分等指标的关系

水库工程(蓄水枢纽工程)、防洪工程等11类工程执业规模标准是根据上述分等指标经适当调整后确定的，两者之间的关系见表6-7。

表 6-7 分等指标中的工程规模与执业工程规模的关系

<table>
<tr><th>序号</th><th>工程类别</th><th>分等指标中的工程规模</th><th>执业工程规模</th><th>备注</th></tr>
<tr><td rowspan="6">1</td><td rowspan="6">(1) 水库工程(蓄水枢纽工程)</td><td>大(1)型</td><td rowspan="2">大型</td><td rowspan="6"></td></tr>
<tr><td>大(2)型</td></tr>
<tr><td>中型</td><td rowspan="3">中型</td></tr>
<tr><td>小(1)型</td></tr>
<tr><td>小(2)型</td></tr>
<tr><td>小(2)型以下</td><td>小型</td></tr>
<tr><td rowspan="5">2</td><td rowspan="5">(2) 防洪工程</td><td>大(1)型</td><td rowspan="2">大型</td><td rowspan="5">(3)、(4)、(5)、(6)、(7)、(8)、(9)、(11)、(12) 九类工程与防洪工程相同</td></tr>
<tr><td>大(2)型</td></tr>
<tr><td>中型</td><td rowspan="2">中型</td></tr>
<tr><td>小(1)型</td></tr>
<tr><td>小(2)型</td><td>小型</td></tr>
</table>

堤防工程不分等别,因此其执业工程规模标准根据其级别来确定。

农村饮水、河湖整治、水土保持、环境保护及其他 5 类工程的规模标准以投资额划分。

## 6.3 水利水电工程执业签章文件目录解读

### 6.3.1 水利水电工程注册建造工程师签章文件目录

水利水电工程注册建造工程师签章文件目录如表 6.8 所示。

表 6-8 水利水电工程注册建造师施工管理签章文件目录

<table>
<tr><th>序号</th><th>工程类别</th><th>文件类别</th><th>文件名称</th><th>表号</th></tr>
<tr><td rowspan="15">1</td><td rowspan="15">水库工程(蓄水枢纽工程)</td><td rowspan="2">施工组织文件</td><td>施工组织设计报审表</td><td>CF101</td></tr>
<tr><td>现场组织机构及主要人员报审表</td><td>CF102</td></tr>
<tr><td rowspan="5">进度管理文件</td><td>施工进度计划报审表</td><td>CF201</td></tr>
<tr><td>暂停施工申请表</td><td>CF202</td></tr>
<tr><td>复工申请表</td><td>CF203</td></tr>
<tr><td>施工进度计划调整报审表</td><td>CF204</td></tr>
<tr><td>延长工期报审表</td><td>CF205</td></tr>
<tr><td rowspan="8">合同管理文件</td><td>合同项目开工申请表</td><td>CF301</td></tr>
<tr><td>合同项目开工令</td><td>CF302</td></tr>
<tr><td>变更申请表</td><td>CF303</td></tr>
<tr><td>变更项目价格签认单</td><td>CF304</td></tr>
<tr><td>费用索赔签认单</td><td>CF305</td></tr>
<tr><td>报告单</td><td>CF306</td></tr>
<tr><td>回复单</td><td>CF307</td></tr>
<tr><td>施工月报</td><td>CF308</td></tr>
</table>

续表

| 序号 | 工程类别 | 文件类别 | 文件名称 | 表号 |
|---|---|---|---|---|
| 1 | 水库工程（蓄水枢纽工程） | 合同管理文件 | 整改通知单 | CF309 |
| | | | 施工分包报审表 | CF310 |
| | | | 索赔意向通知单 | CF311 |
| | | | 索赔通知单 | CF312 |
| | | 质量管理文件 | 施工技术方案报审表 | CF401 |
| | | | 联合测量通知单 | CF402 |
| | | | 施工质量缺陷处理措施报审表 | CF403 |
| | | | 质量缺陷备案表 | CF404 |
| | | | 单位工程施工质量评定表 | CF405 |
| | | 安全及环保管理文件 | 施工安全措施文件报审表 | CF501 |
| | | | 事故报告单 | CF502 |
| | | | 施工环境保护措施文件报审表 | CF503 |
| | | 成本费用管理 | 工程预付款申请表 | CF601 |
| | | | 工程材料预付款申请表 | CF602 |
| | | | 工程价款月支付申请表 | CF603 |
| | | | 完工/最终付款申请表 | CF604 |
| | | 验收管理文件 | 验收申请报告 | CF701 |
| | | | 法人验收质量结论 | CF702 |
| | | | 施工管理工作报告 | CF703 |
| | | | 代表施工单位参加工程验收人员名单确认表 | CF704 |

说明：1. 表中工程类别的划分是与注册建造师执业工程规模标准中的工程类别相一致的。
2. 本表以水库工程（蓄水枢纽工程）为例对注册建造师施工管理签章文件目录进行规定，其他 16 个类别的工程其签章文件目录同样适合本规定。

### 6.3.2 水利水电工程注册建造工程师签章文件形成背景

现行相关标准、规程对施工单位项目负责人需签署的文件已经进行了规定，主要体现在《水利工程建设项目施工监理规范》SL 288—2003、《水利水电工程标准施工招标文件》(2009 年版)、《水利工程施工质量检验与评定规程》SL 176—2007、《水利水电建设工程验收规程》SL 223—2008 等，共有近百份表格，其中又以《水利工程建设项目施工监理规范》SL 288—2003 中居多。

本着突出重点、兼顾全面的原则，从上述近百种表式文件中选取了 35 份作为水利水电工程注册建造师签章文件（见表 6 -8）。其中，施工组织文件 2 份，进度管理文件 5 份，合同管理文件 12 份，质量管理文件 5 份，安全及环保管理文件 3 份，成本费用管理文件 4 份，验收管理文件 4 份。

考虑与其他行业的统一，同时本着完善和创新的原则，所有表式均进行了调整和修订。另外，为突出注册建造师在工程施工建设中的作用，对个别文件签署人员还进行了修正。签章文件与现行标准使用的表式文件基本对应，详见表 6 - 9。

表 6-9 注册建造师签章文件与现行规程使用文件对照表

| 序号 | 工程类别 | 文件类别 | 文件名称 | 表号 | 对应表号 | 对应文件 | 备注 |
|---|---|---|---|---|---|---|---|
| 1 | 水库工程（蓄水枢纽工程） | 施工组织文件 | 施工组织设计报审表 | CF101 | CB01 | 《水利工程建设项目施工监理规范》 | |
| | | | 现场组织机构及主要人员报审表 | CF102 | CB06 | 《水利工程建设项目施工监理规范》 | |
| | | 进度管理文件 | 施工进度计划报审表 | CF201 | CB02 | 《水利工程建设项目施工监理规范》 | |
| | | | 暂停施工申请表 | CF202 | CB21 | 《水利工程建设项目施工监理规范》 | |
| | | | 复工申请表 | CF203 | CB22 | 《水利工程建设项目施工监理规范》 | |
| | | | 施工进度计划调整报审表 | CF204 | CB24 | 《水利工程建设项目施工监理规范》 | |
| | | | 延长工期报审表 | CF205 | CB25 | 《水利工程建设项目施工监理规范》 | |
| | | 合同管理文件 | 合同项目开工申请表 | CF301 | CB14 | 《水利工程建设项目施工监理规范》 | |
| | | | 合同项目开工令 | CF302 | JL02 | 《水利工程建设项目施工监理规范》 | |
| | | | 变更申请表 | CF303 | CB23 | 《水利工程建设项目施工监理规范》 | |
| | | | 变更项目价格签认单 | CF304 | JL15 | 《水利工程建设项目施工监理规范》 | |
| | | | 费用索赔签认单 | CF305 | JL20 | 《水利工程建设项目施工监理规范》 | |
| | | | 报告单 | CF306 | CB34 | 《水利工程建设项目施工监理规范》 | |
| | | | 回复单 | CF307 | CB35 | 《水利工程建设项目施工监理规范》 | |
| | | | 施工月报 | CF308 | CB32 | 《水利工程建设项目施工监理规范》 | |
| | | | 整改通知单 | CF309 | JL11 | 《水利工程建设项目施工监理规范》 | |
| | | | 施工分包报审表 | CF310 | CB05 | 《水利工程建设项目施工监理规范》 | |
| | | | 索赔意向通知单 | CF311 | CB27 | 《水利工程建设项目施工监理规范》 | |
| | | | 索赔通知单 | CF312 | CB28 | 《水利工程建设项目施工监理规范》 | |
| | | 质量管理文件 | 施工技术方案报审表 | CF401 | CB01 | 《水利工程建设项目施工监理规范》 | |
| | | | 联合测量通知单 | CF402 | CB12 | 《水利工程建设项目施工监理规范》 | |
| | | | 施工质量缺陷处理措施报审表 | CF403 | CB19 | 《水利工程建设项目施工监理规范》 | |
| | | | 质量缺陷备案表 | CF404 | 附录 F | 《水利工程施工质量检验与评定规程》 | |
| | | | 单位工程施工质量评定表 | CF405 | 附录 I 表 I. O. 2 | 《水利工程施工质量检验与评定规程》 | |
| | | 安全及环保管理文件 | 施工安全措施文件报审表 | CF501 | | | 新增 |
| | | | 事故报告单 | CF502 | CB20 | 《水利工程建设项目施工监理规范》 | |
| | | | 施工环境保护措施文件报审表 | CF503 | | | 新增 |
| | | 成本费用管理文件 | 工程预付款申请表 | CF601 | CB09 | 《水利工程建设项目施工监理规范》 | |
| | | | 工程材料预付款申请表 | CF602 | CB10 | 《水利工程建设项目施工监理规范》 | |
| | | | 工程价款月支付申请表 | CF603 | CB31 | 《水利工程建设项目施工监理规范》 | |
| | | | 完工/最终付款申请表 | CF604 | CB36 | 《水利工程建设项目施工监理规范》 | |
| | | 验收管理文件 | 验收申请报告 | CF701 | CB33 | 《水利工程建设项目施工监理规范》 | |
| | | | 法人验收质量结论 | CF702 | | 《水利水电建设工程验收规程》 | |
| | | | 施工管理工作报告 | CF703 | | 《水利水电建设工程验收规程》 | |
| | | | 代表施工单位参加工程验收人员名单确认表 | CF704 | | 《水利水电建设工程验收规程》 | |

## 6.3.3 水利水电工程注册建造工程师签章文件说明

注册建造师签章文件的35份表格总体表式基本一致，现对各表式文件共性部分说明如下：

(1) 表右上角的“CF×××”，指水利水电工程注册建造师签章文件的表式编号，如“CF203”指水利水电工程注册建造师签章文件第2组的第3份表式文件，“CF502”指水利水电工程注册建造师签章文件中第5组的第2份表式文件，依此类推。

(2) 合同名称，指工程施工合同上所标注的名称，填写时可将合同编号用括号附在其后。

(3) 编号：指该表式文件需编写的流水号，可自行编排。

(4) 承包人、监理机构、发包人、设代机构，均指各方的现场管理机构，如“项目经理部”、“项目监理部”、“建管处”、“设代组”等。

(5) 表式文件中的“□”，指示选择项，请在文件对应的“□”上打“√”。

(6)“签章”，指的是签字并加盖注册建造师图章。

## 6.3.4 水利水电工程注册建造工程师签章文件解读

### 6.3.4.1 施工组织设计报审表

施工组织设计文件是工程施工建设过程中最重要的文件之一，是现场施工的指导性文件，有别于一般的施工措施计划、试验及测量方法等作业性文件，因此，本签章文件规定此项单独报审。施工组织设计报审表填表示范见表6-10。

### 6.3.4.2 现场组织机构及主要人员报审表

(1) 考虑施工单位现场人员进场先后之分，施工人员、机构在施工过程中可能有所调整等因素，因此，可能有多次报审，故表中有“第______次”之分。

(2) 施工现场的各方人员均有相关资格要求，如施工项目负责人、施工员、安全员、试验员、财务人员、焊工、起重工、电工等，因此，此文件中需附相关资格证书或岗位证书。

(3) 实际投入人员与投标承诺进场人员有所变化常有发生，需侧重说明变化原因。另外，替代人员与投标人员的资历、业绩、经验与水平需相当。

### 6.3.4.3 施工进度计划报审表

(1) 施工进度计划有总进度、年进度、月进度计划之分，甚至在工程施工紧张期，还有旬进度、周进度等，此文件将进度计划报审作为一种表式，并以“□”作为选择项处理。

(2) 进度计划的说明书中，需重点描述为完成该进度计划在“4M1E”上所采取的保证措施。

#### 6.3.4.4 暂停施工申请表/复工申请表

(1) 工程施工中出现的任何暂停施工和复工都是影响进度甚至影响投资的重大事项，有可能引起合同纠纷，因此，本文件规定需由注册建造师签署。

(2) 工程施工中，由于出现地质变异、文物、地方环境干扰、质量问题、图纸供应、原材料供应、气候因素等，均有可能致使工程暂停施工，因此需要详述停工部位、原因、适用合同条款等，以便为审批作出正确决策。暂停施工申请表填表示范见表6－11。

#### 6.3.4.5 施工进度计划调整报审表

(1) 该表式文件一般指工程项目在实施过程中，遇到一些重大事件如文物、地方环境干扰、重大设计变更等，致使工程中重大的阶段目标（如截流、度汛、水下工程等）实现产生无法逾越的困难，从而对工程总进度计划目标实现产生重大影响，因此，需提出施工进度计划调整。

(2) 该调整文件需证据明确，分析合理，由此而产生的各方面影响均需考虑清晰。

#### 6.3.4.6 延期工期报审表

延长工程报审的原因应是非施工单位方面的原因，这是申报工期延长的基本出发点。因此，对合同条款的研究和运用就尤显重要，相关证明材料和其他支持性资料需准确、翔实、有效。

#### 6.3.4.7 合同项目开工申请表/合同项目开工令

合同项目之适时开工是确定合同工期的最重要的时间点之一，是施工单位和监理机构均共同关注的重要事件之一，故本文件规定需由注册建造师签署。

合同项目开工申请表填表示范见表6－12。

#### 6.3.4.8 变更申请表/变更项目价格签认单

工程实施过程中，由于设计不够完善、施工便利、地质变化、外部环境制约导致施工方案变化等原因，施工单位均可提出相应变更建议，由此会引起工期、费用等方面的变动，对变更理由、变更方案、变更影响等均需认真分析。

#### 6.3.4.9 索赔意向通知单/索赔通知单/费用索赔签认单

索赔意向通知单、索赔通知单、费用索赔签认单这三份签章文件组成了索赔工作的完整程序，按一般惯例，此类费用文件需由注册建造师签署。

#### 6.3.4.10 报告单

报告单是施工单位在现有签章文件之外需要向监理机构、发包人报告其他事宜的所有通用表式，如发现文物、出现超标准气候、产生不可抗力、某种工作之备忘性质、执行指示时出现意外情况的请示等，皆可使用此表式文件。

#### 6.3.4.11　回复单

本表式文件是施工单位对监理机构发出的通知、指令、指示的回复，有的简单回复可以不用此表，直接在签收栏明确；有的则需要对涉及工程质量、安全、进度、投资、协调、信息管理等方面予以详细答复和说明，便可使用此表式文件。

#### 6.3.4.12　施工月报

施工月报是本月施工情况的一个总体评述，涉及与工程有关的所有方面，作为向监理机构、发包人汇报的一个专题文件，同时也是施工单位本月工作的一个书面总结，故规定应由注册建造师签署。

#### 6.3.4.13　整改通知单

由于各种原因，工程质量达不到设计、规范等合同要求，监理机构将以此表式文件对施工单位发出指令，包括原因、要求及费用承担说明等，并规定签收栏应由注册建造师签署。

#### 6.3.4.14　施工分包报审表

根据《水利工程建设施工项目施工分包管理暂行规定》（水建管［1998］481号），根据合同约定和工程需要，施工单位可将不超过合同总额30%的非主体工程（不含发包人在标书中指定部分）分包给具有相应资质、业绩的其他施工单位，可使用此表式文件向监理机构、发包人报审。

#### 6.3.4.15　施工技术方案报审表

工程施工建设过程中，按合同约定及相应规范的规定，施工单位要在各专业工程（如土方、混凝土、基础处理、砌石等）、各主要建筑物、质保体系、试验、测量放线等方面编制施工措施计划、方案并报审，以确保工程质量、保证工程的顺利实施。上述各种方案、计划可统一采用此表式文件，以“□”作为选择项处理，并规定需由注册建造师签署。

#### 6.3.4.16　联合测量通知单

工程开工前，工程范围内的原始地形地貌测量是一项对工程投资影响较大的技术工作，一般情况都采用发包人、监理机构、施工单位三方联合测量的方式，以节省时间、避免矛盾。该表式文件中需详述施测部位、内容、时间安排等，监理机构签收后将与发包人协商，以确定具体方案。

#### 6.3.4.17　施工质量缺陷处理措施报审表

根据《水利工程质量事故处理暂行规定》（水利部令第9号），小于一般质量事故的质量问题称为质量缺陷。在工程施工过程中，质量缺陷是难以避免的，如混凝土的蜂窝、麻面、错台、露筋，土方工程的压实度，砌石工程的表面平整度，金属结构的喷锌防腐厚度等，这些质量缺陷的处理措施需由施工单位报送给监理机构审批后才能实施。施工质量缺陷处理措施报审表填表示范见表 6-13。

#### 6.3.4.18 质量缺陷备案表

根据《水利水电工程施工质量检验与评定规程》SL 176—2007 规定，并对施工单位签署人员进行了修改。该表式文件在分部工程及以上级别的验收时需提交备案。

#### 6.3.4.19 单位工程施工质量评定表

根据《水利水电工程施工质量检验与评定规程》SL 176—2007 规定，该表式文件将在单位工程以上级别的验收时附于提供资料文件中。

#### 6.3.4.20 施工安全措施文件报审表/施工环境保护措施文件报审表

(1) 根据《水利工程建设安全生产管理规定》(水利部令第 26 号) 的规定，施工单位在工程开工前需编报安全技术措施、专项施工方案等。施工中有度汛需求的还需编报度汛方案，有些工程还需视具体情况编报消防安全方案、民用爆破品安全方案、临时用电安全方案等，均使用此文件报审，并以“□”作为选择项处理。

(2) 按施工合同约定和设计要求，施工单位还需编报施工环境保护措施文件。施工环境保护措施文件报审表填表示范见表 6-14。

#### 6.3.4.21 事故报告单

此表式文件适用于工程现场出现质量、安全事故时，施工单位在第一时间根据事故类别向发包人或监理机构进行报告，并规定由注册建造师签署。

#### 6.3.4.22 工程预付款申请表/工段材料预付款申请表

按施工合同约定的工程预付款和材料预付款，在不同的工程中有各种处理方式，有的将预付款分为两次，一次是施工单位进场，相当于动员预付款；一次是大宗设备进场报验后再支付。材料预付款在土建工程中大都不采用，仅对金属结构工程还在采用。申请时，重要的是要符合施工合同约定的条件。按惯例，此类文件要注册建造师签署（包括所有费用管理的四个文件）。工程预付款申请表填表示范见表 6-15。

#### 6.3.4.23 工程价款月支付申请表

工程价款一般按月支付，只有当工程工期要求太紧，月施工强度太大，耗费的人力、物力资源太多，又未约定材料预付款等特殊情况时，经与发包人协商一致，支付频率才可加大（如半月、旬支付等）。月支付申请表中含本月工程中发生的一切费用，如合同内总价项目、单价项目、计日工，合同外新增项目，合同索赔项目等。

#### 6.3.4.24 完工/最终付款申请表

在工程价款月支付中，合同外新增项目，索赔项目因各种原因并经各方协商一致，往往不能逐月结付或以“暂定价”先行支付，此项工作在合同项目完工或工程项目竣工前予以进行；另外，有可能还涉及甲供材、工程量增减达到合同约定调价的比例、材料差价调整等其他原因，因此，完工结算便不仅仅是逐月结付的累加，而是合同约定范围内所有工程的完工决算。另外，即便在完工结算后，在工程质量保修责任期内还有可能发生其他应付费用，因此，还会有最终付款申请。

#### 6.3.4.25 验收申请报告

根据《水利水电建设工程验收规程》SL 223—2008，施工单位仅在法人验收阶段需进行验收申请，即该表式文件中的分部工程、单位工程、合同项目完工验收等；在政府验收阶段时，验收申请报告是由发包人向项目验收单位申请的。

#### 6.3.4.26 法人验收质量结论

根据《水利水电建设工程验收规程》SL 223—2008，法人验收时，为分清各参建方职责，要求各参建方对所验收工程的质量分别填写各自的意见，此表式文件要求注册建造师签署。法人验收质量结论填表示范见表 6-16。

#### 6.3.4.27 施工管理工作报告

根据《水利水电建设工程验收规程》SL 223—2008，在法人验收的单位工程验收、合同项目完工验收及所有的政府验收中，施工单位需编制施工管理工作报告并提供给验收委员会（组），要求注册建造师在批准或审定栏签署确认。

#### 6.3.4.28 代表施工单位参加工程验收人员名单确认表

根据《水利水电建设工程验收规程》SL 223—2008，在各类验收中，各参建方参加验收的人员需经各单位书面授权确认，以明确各参建方验收人员的职责。代表施工单位参加工程验收人员的名单需由注册建造师签署确认。

**表 6－10　水利水电工程　　CF101**

**施工组织设计报审表（例表）**

工程名称：×××枢纽节制闸工程　　　　编号：×××

<table>
<tr><td>致：　×××项目监理部<br><br>现提交<u>　×××枢纽节制闸（×××－××）　</u>工程（名称及编码）的施工组织设计，请贵方审批。<br><br><br><br>承包人（盖章）：×××项目部　　　　施工项目负责人（签章）：×××<br>××××年×月×日　　　　××××年×月×日</td></tr>
<tr><td>审批意见另行签发。<br><br><br><br>签收机构（盖章）：×××项目监理部　　　　签收人（签名）：×××<br>××××年×月×日　　　　××××年×月×日</td></tr>
</table>

说明：本表一式四份，由承包人填写。签收机构审签后，随同审批意见，承包人、监理机构、发包人、设代机构各一份。

**表 6-11 水利水电工程**
**暂停施工申请表（例表）**

CF202

工程名称：×××工程　　　　编号：×××

<table>
<tr><td colspan="2">致：×××项目监理部<br><br>由于发生下列原因，造成工程无法正常施工，依据施工合同约定，我方申请对所列工程项目暂停施工，请审批。</td></tr>
<tr><td>暂停施工工程项目范围/部位</td><td>×××枢纽节制闸工程下游河道土方开挖，距闸中心线 185m 处河道范围内。</td></tr>
<tr><td>暂停施工原因</td><td>因发现古墓。</td></tr>
<tr><td>引用合同条款</td><td></td></tr>
<tr><td>附　注</td><td></td></tr>
<tr><td colspan="2">承包人（盖章）：×××项目经理部　　　施工项目负责人（签章）：×××<br>××××年×月×日　　　××××年×月×日</td></tr>
<tr><td colspan="2">审批意见另行签发。<br><br>签收机构（盖章）：×××项目监理部　　　签收人（签名）：×××<br>××××年×月×日　　　××××年×月×日</td></tr>
</table>

说明：本表一式三份，由承包人填写。签收机构审签后，随同审批意见，承包人、监理机构、发包人各一份。

**表 6-12　水利水电工程**　　CF301

**合同项目开工申请表（例表）**

工程名称：×××工程施工 1 标　　编号：×××

<table>
<tr><td>致：×××工程项目监理部<br><br>我方承担的×××工程施工 1 标（×××）合同项目工程，已完成了各项准备工作，具备了开工条件，现申请开工，请贵方审批。<br><br>附件：1. 开工申请报告；<br>2. 开工条件说明；<br>3. 其他。<br><br>承包人：×××工程局×××工程项目经理部　　施工项目负责人（签章）：×××<br>××××年×月×日　　××××年×月×日</td></tr>
<tr><td>审批后另行签发合同项目开工令。<br><br>签收机构：×××工程项目监理部　　监理工程师：×××<br>××××年×月×日　　××××年×月×日</td></tr>
</table>

说明：本表一式四份，由承包人填写。签收机构审签后，随同“合同项目开工令”，承包人，监理机构、发包人、设代机构各一份。

**表 6-13 水利水电工程** **CF403**

## 施工质量缺陷处理措施报审表（例表）

工程名称：×××工程 编号：×××

<table>
<tr><td colspan="4">致：×××项目监理部<br><br>现提交引水闸涵洞段工程施工质量缺陷处理措施，请贵方审批。</td></tr>
<tr><td>单位工程名称</td><td>引水闸工程</td><td>分部工程名称</td><td>涵洞段</td></tr>
<tr><td>单元工程名称</td><td>1#、2#、3#左右边墙</td><td>单元工程编码</td><td>I-3-2、I-3-7、I-3-12</td></tr>
<tr><td>质量缺陷工程部位</td><td colspan="3">涵洞段1#箱涵左右边墙、2#箱涵左右边墙、3#箱涵左右边墙</td></tr>
<tr><td>质量缺陷情况简要说明</td><td colspan="3">涵洞段墩墙施工时间为2005年7月25日至9月11日。至2007年3月，墩墙上有长短不等的竖向裂缝共9条，裂缝大都自墙底抹角向上，基本竖直，缝宽0.1～0.3mm，缝长0.2～5.3m不等。经检测，裂缝缝长及缝宽均未继续发展。2008年4月发现箱涵边墩局部裂缝出现渗水现象</td></tr>
<tr><td>拟采用的处理措施简述</td><td colspan="3">贯通型裂缝进行化学灌浆处理，浅表型裂缝开V形槽，采用CST管道抢修剂填塞密实，处理完毕经检测合格后进行其外观修整。</td></tr>
<tr><td>附件目录</td><td>□ 处理措施报告<br>□ 图纸<br>□</td><td>计划施工时段</td><td>××××年×月×日<br>至<br>××××年×月×日</td></tr>
<tr><td colspan="4">承包人（盖章）：×××项目监理部<br>××××年×月×日<br>施工项目负责人（签章）：×××<br>××××年×月×日</td></tr>
<tr><td colspan="4">（审批意见）<br>经参建单位共同查看研究同意按此措施方案实施，详见备案表。<br>监理机构（盖章）：×××项目监理部<br>××××年×月×日<br>总监理工程师（签章）：×××<br>监理工程师<br>××××年×月×日</td></tr>
</table>

说明：本表一式三份，由承包人填写。监理机构审签后，承包人、监理机构、发包人各一份。

**表 6－14　水利水电工程　CF503**

**施工环境保护措施文件报审表（例表）**

工程名称：×××工程　　　　编号：×××

<table>
<tr><td>
致：×××项目监理部<br><br>
现提交×××节制闸工程（名称及编码）的施工环境保护措施文件<br><br>
请贵方审批。<br><br>
附件：施工环境保护措施文件。<br><br>
承包人（盖章）：×××项目经理部　　　　施工项目负责人（签章）：×××<br>
××××年×月×日　　　　××××年×月×日
</td></tr>
<tr><td>
审批意见另行签发。<br><br>
签收机构（盖章）：×××项目监理部　　　　签收人（签名）：×××<br><br>
××××年×月×日　　　　××××年×月×日
</td></tr>
</table>

说明：本表一式四份，由承包人填写。签收机构审签后，随同审批意见，承包人、监理机构、发包人、设代机构各一份。

表 6－15 水利水电工程 CF601

工程预付款申请表（例表）

工程名称：×××枢纽节制闸工程　　　　编号：××－×××

<table>
<tr><td>致：×××项目监理部<br><br>我方承担的×××枢纽节制闸工程合同项目，依据施工合同约定，已具备工程预付款支付条件，现申请支付第一次预付款，金额总计为（大写）贰佰贰拾叁万元（小写2230000.00元），请贵方审核。<br><br>附件：1. 支付条件说明；<br>2. 计算依据；<br>3. 其他。<br><br>承包人（盖章）：×××项目部　　施工项目负责人（签章）：×××<br>××××年×月×日　　××××年×月×日</td></tr>
<tr><td>工程预付款付款证书另行签发。<br><br>签收机构（盖章）：×××项目监理部　　签收人：（签名）×××<br>××××年×月×日　　××××年×月×日</td></tr>
</table>

说明：本表一式四份，由承包人填写。签收机构审签后，随同付款证书，承包人 2 份，监理机构、发包人各一份。

表 6-16 水利水电工程
法人验收质量结论（例表）

CF702

1 封面格式

× × 工 程

法人验收质量结论

单位工程名称：×××

分部工程名称：×××

项目法人：×××建设管理局

××××年×月×日

**2 结论内容**

<table>
<tr><td>项目法人意见<br>该分部工程符合国家有关施工及验收规范，满足设计要求；且资料齐全合格，故该分部工程验收合格。<br><br>签字 ×××<br>××××年×月×日</td></tr>
<tr><td>监理机构意见<br>该分部工程符合国家有关施工及验收规范，满足设计要求；且资料齐全合格，故该分部工程验收合格。<br><br>签字 ×××<br>××××年×月×日</td></tr>
<tr><td>设计单位意见<br>该分部工程符合国家有关施工及验收规范，满足设计要求；且资料齐全合格，故该分部工程验收合格。<br><br>签字 ×××<br>××××年×月×日</td></tr>
<tr><td>施工单位意见<br>该分部工程符合国家有关施工及验收规范，满足设计要求；且资料齐全合格，故该分部工程验收合格。<br><br>签字 ×××<br>××××年×月×日</td></tr>
<tr><td>验收工作组意见<br>验收委员会通过现场检查、听取汇报、查阅资料和认真讨论认为：本次验收范围内的工程已按设计和规范要求完成，工程档案资料基本齐全，未发生工程质量和安全生产事故，同意通过验收。</td></tr>
<tr><td>质量监督机构核备（定）意见<br>符合质量评定规程要求，同意验收委员会结论意见。<br><br>质量监督机构（盖章）<br>质量监督机构项目负责人（签字）×××</td></tr>
</table>

备注：页面不够时，可加页。